ARBEITSHEFTE
**FÜHRUNGS-
PSYCHOLOGIE**

BAND 82

Gründer der Reihe
Prof. Dr. Ekkehard Crisand †

Herausgeber
Prof. Dr. Gerhard Raab
Nicolas Crisand

Andrea Revers · Dr. Philip Streit

Positiv Führen mit Neuer Autorität

Wie Sie mit schwierigen Menschen, Missständen und Altlasten konstruktiv umgehen

2. Auflage 2021

WINDMÜHLE
EDITION BEI FELDHAUS

ISBN 978-3-86451-069-4

FELDHAUS VERLAG GmbH & Co. KG
Postfach 73 02 40
22122 Hamburg
Telefon +49 40 679430-0
Fax +49 40 67943030
post@edition-windmuehle.de
www.edition-windmuehle.de

Satz und Gestaltung: FELDHAUS VERLAG, Hamburg
Herstellung: WERTDRUCK, Hamburg

Bibliografische Information der Deutschen Nationalbibliothek
Die Deutsche Nationalbibliothek verzeichnet diese Publikation in der Deutschen Nationalbibliographie; detaillierte bibliografische Daten sind im Internet über http://dnb.d-nb.de abrufbar.

Inhaltsverzeichnis

Vorwort zur 2. Auflage

»The most important ist the engaged person.«
(Martin Seligman)

Nun sind drei Jahre vergangen, in denen wir das Konzept der Positiven Führung mit Neuer Autorität in Unternehmen vorgestellt und diskutiert, Führungskräfte trainiert und gestärkt haben. Unsere Botschaft: Führung schafft geordnete Rahmenbedingungen in guter Beziehung. Starke und positive Führungskräfte sind der Schlüssel zum Erfolg.

Denn wer stark ist, kommt in den Flow und kann Mitarbeiter und Mitarbeiterinnen anstecken und mitreißen. Wer stark ist, ist selbsteffizient und erlebt sich in der Führung als wirksam. Die Dinge gelingen. Wer stark ist, erholt sich leichter. Denn natürlich gehören Krisen und Rückschläge zum Arbeitsalltag. Doch wer stark ist, ist auch offen – für Neues, für Veränderungen, für Kritik – und findet andere Wege als die übliche Führungsroutinen. Und nicht zuletzt: Wer stark ist, kann auch NEIN sagen, konsequent handeln. Das bildet die Basis für gute Führungsarbeit. Die darauf aufbauenden Handlungsprinzipien und die Elemente zur Selbststärkung finden Sie in diesem Buch.

Die Rückmeldungen aus der Praxis zeigen: Es ist nicht immer einfach. Der Erfolg dieses Führungsprinzips steht und fällt mit der inneren Haltung der Führungskraft. Denn die Positive Führung mit Neuer Autorität erfordert neben der eigenen Stärke auch Vertrauen. Vertrauen in sich und das Gegenüber. Wie schafft man Vertrauen? Das kann man nicht verordnen. Für Vertrauen braucht es einen positiven Blick auf die Welt. Und der lässt sich durchaus trainieren. Im Rahmen der Positiven Psychologie wurden zahlreiche Interventionsmethoden dazu entwickelt. Viele davon finden Sie in diesem Buch.

Wir freuen uns, dass dieses Buch so positiv aufgenommen wurde, dass es zu einer 2. Auflage kommt. Gerade die aktuellen Herausforderungen, ob es nun Pandemien oder der Klimawandel sind, zeigen, wie schnell und dramatisch sich Rahmenbedingungen ändern können. Unternehmen brauchen starke Führungskräfte, die diese Herausforderungen nicht scheuen und ihren Mitarbeitenden Anker und Hafen zugleich sind.

In diesem Sinne

Andrea Revers und Dr. Philip Streit

Was macht Führung aus?

»Führung definiert sich darüber, dass man ihr folgt.«
(Reinhard Sprenger)

Es gibt zahlreiche Untersuchungen zum Thema Führung. Was macht gute Führung aus? Wie identifiziert man Führungskräfte? Welcher Führungsstil ist der beste? Welche Fähigkeiten sollten Führungskräfte beherrschen? Doch je mehr man forscht, umso mehr muss man feststellen, dass es keine einfachen Antworten auf die komplexe Frage nach Führungserfolg gibt.

Reinhard Sprenger hat mit seiner Definition guter Führung das Grundproblem von Führungskräften beschrieben: Führung definiert sich darüber, dass man ihr folgt. So einfach kann es sein und doch so schwierig.

Denn was ist, wenn es nicht funktioniert? Was ist, wenn die Gefolgschaft fehlt? Die Gründe dafür sind vielfältig: fehlende Passung des Führungsstils, mangelnde Autorität durch Rollenwechsel vom Kollegen zur Führungskraft, langjährige Mitarbeiter, die bereits frühere Führungskräfte »unter Quarantäne« gestellt haben, oder einfach Stress und Demotivation. Und manchmal ist es auch das Verhalten der Führungskraft, dem man nicht folgen möchte!

Im Rahmen einer globalen Studie (Global Leadership and Organizational Behavioural Effectiveness, 1991–2004) wurde Führungsverhalten kulturübergreifend untersucht. Jeder Kulturkreis hat sein ganz eigenes Bild von guter Führung. Interessant ist aber, dass man sich weltweit relativ einig ist, was erfolgreiche Führung verhindert: Einzelgängertum, Reizbarkeit, Rücksichtslosigkeit, fehlendes Sozialverhalten, Uneindeutigkeit, mangelnde Kooperationsfähigkeit, diktatorisches Verhalten und Egozentrismus. Bei Inkonsequenz, Unklarheit und mangelnder Wertschätzung stellt sich der eine oder andere Mitarbeiter schon einmal quer.

Wo auch immer die genauen Ursachen liegen, wir zeigen einen Weg aus diesem Dilemma. Im ersten Teil dieses Buch stellen wir Ihnen in Ihrer Rolle als Führungskraft das Konzept der Neuen Autorität vor. Neue Autorität ist eine effektive Möglichkeit, in schwierigen Situationen gelassen, stark und souverän zu handeln und auch mit den unterschiedlichsten Typen von Mitarbeitern und Kollegen konstruktiv zu arbeiten und außergewöhnliche Erfolge zu erzielen. Damit sich die Elemente der Neuen

Autorität leichter erschließen, zeigen wir Ihnen die einzelnen Maßnahmen anhand eines konkreten Beispiels.

Im zweiten Teil erfahren Sie, wie Sie ein leistungsorientiertes, gutes Arbeitsklima schaffen können mit Elementen Positiver Führung. Hier finden Sie wichtige Tipps und Instrumente aus dem Bereich des Positive Leadership. Denn am besten löst man Probleme, indem man sie erst gar nicht auftreten lässt. Es gibt signifikante Zusammenhänge zwischen positiver Führung und dem Wohlbefinden, der Motivation und dem Erfolg von Mitarbeitern.

Teil 3 enthält viele gute Tipps zur besseren Selbstführung, einer Schlüsselkompetenz guter Führung! Probieren Sie sie aus und stärken Sie sich für Ihre Aufgaben. Viele Aspekte der Selbstführung lassen sich auch gut in die Führungsarbeit integrieren. Auch hier bieten wir Ihnen Ideen und Hinweise.

Damit sich die Inhalte auch gut in Ihrem Gedächtnis verankern und sich neue Muster prägen, finden Sie zwischendurch Reflexionseinheiten mit Forschungsfragen, Übungen und Anregungen.

Der einfachen Lesbarkeit wegen sprechen wir von Menschen und Mitarbeitern – Frauen und Männern – und verwenden deshalb da, wo wir allgemein werden, das »er«. Wir sprechen von Führungskräften – Frauen und Männern – und verwenden deshalb hier das »sie«. Und hoffen so, einen gesunden Ausgleich zwischen Gleichberechtigung und Lesefluss gefunden zu haben.

Viel Freude bei der Lektüre!

Andrea Revers und Dr. Philip Streit

Selbstreflexion: Der eigene Standort

Reflektieren Sie Ihre Führungssituation.

In welchen Bereichen klappt das gut mit der Gefolgschaft?

Welche Situation erleben Sie als schwierig und herausfordernd?

Welche Faktoren spielen hier eine Rolle?

Was gelingt außerordenlich gut und warum?

Was erwarten Sie von Ihren übergeordneten Führungskräften im Rahmen Ihrer Führungstätigkeit?

Der Aspekt der Selbstführung: Wie gut sind Sie hier aufgestellt? Wie sieht es mit Ihrer Reflexionsfähigkeit aus? Ihrer Fähigkeit zum Perspektivenwechsel?

Wie gelingt es Ihnen, sich in schwierigen Situationen selbst zu motivieren?

Wie schaffen Sie es, die eigenen Gefühle wie Ärger, Wut oder auch Hilflosigkeit und Angst zu regulieren?

Wie gehen Sie mit Kritik um?

Erkennen Sie die eigenen Muster. Im Verlauf des Buches geben wir Ihnen viele Tipps, wie Sie Ihr Führungshandeln und Ihre Wirkung aktiv gestalten können.

1 Umgang mit schwierigen Mitarbeitern – Führen mit Neuer Autorität

1.1 Wirkung durch Selbstwirksamkeit

»Die Reform beginnt an der Spitze.
Die Treppe muss von oben gekehrt werden.«
(Hermann Simon)

Manchmal gelingt es einfach: Sie geben ihrem Mitarbeiter eine klare und sachliche Anweisung und er befolgt diese ohne zu zögern. Sie erwarten pünktlich freitags den Projektbericht und er liegt tatsächlich wie gewünscht um 15 Uhr auf Ihrem Schreibtisch. Oder Sie gehen durch die Produktionshalle und können beobachten, wie Ihre Mitarbeiter sorgfältig ihre Arbeitsplätze zum Schichtwechsel ordnen und säubern. Sie freuen sich – so muss das laufen.

Doch manchmal ist der Wurm drin! Der Arbeitsplatzdrucker ist wieder defekt und Ihr Mitarbeiter rastet völlig aus und schimpft lauthals über die Kollegen vom IT-Support, die sich im Gegenzug bei Ihnen beschweren, dass man so nicht mit sich umgehen lasse. Als Sie Ihren cholerischen Mitarbeiter beruhigen wollen, wird es nur noch schlimmer. Schließlich verlässt er schimpfend Ihr Büro und knallt auch noch die Tür zu. »Kindergarten!« denken Sie da.

Ein anderes Beispiel: Ihre Mitarbeiterin hat ein klares Aufgabenprofil, das auch Entscheidungen im Rahmen des Einkaufs von Bürobedarf umfasst. Doch trifft sie diese Entscheidungen nie selbstständig, sondern sucht immer wieder Ihre Unterstützung, selbst dann, wenn es nur darum geht, eine bestimmte Sorte Stifte zu ordern. Sie stöhnen zwar innerlich, schauen dann aber kurz drauf und tippen ohne großes Nachdenken auf die erstbeste Sorte. Es sind ja nur Stifte! Doch als Sie die Entscheidungen selbst getroffen haben, beschwert sie sich anschließend bei den Kollegen darüber – diese Stifte sind ja nun gerade völliger Mist. Wieder denken Sie innerlich: »Kindergarten!«

Was ist nun der Unterschied zwischen diesen »perfekten« Situationen und jenen, in denen Sie als Führungskraft kaum wahrgenommen werden? Der Unterschied liegt in Ihrem Kopf, in Ihrer Haltung!

In den ersten beiden Beispielen fühlen Sie sich stark und souverän. Sie können Ihre Selbstwirksamkeit entfalten und sind handlungsfähig. Sie sind überzeugt davon, dass das, was Sie wollen gut für Ihre Abteilung und auch für Ihre Mitarbeiter ist. Dabei sind Sie ganz gelassen. Sie brauchen niemanden zu zwingen. Ihr Führungshandeln hat Hand und Fuß. Es ist nachvollziehbar sinnvoll und zeigt, dass Sie wissen, was Sie wollen und was richtig ist. Sie sind präsent mit Ihrer Botschaft und mit Ihrer Position. Gleichzeitig signalisieren Sie Wertschätzung, denn Sie nehmen wahr und würdigen das Geleistete.

Bei den beiden Negativ-Beispielen herrscht Chaos im Kopf. Sie fühlen sich unsicher und sind genervt von den Emotionen und der Reaktion des Mitarbeiters und des EDV-Supports, der Umständlichkeit und Hilflosigkeit der Mitarbeiterin. Sie wissen nicht so recht, wie Sie reagieren sollen, neigen in solchen Situationen möglicherweise selbst zu Ärger und Frustration und reagieren dementsprechend wenig souverän. Schließlich füllt Ohnmacht Ihren Kopf, Sie wissen nicht mehr, wie Sie angemessen reagieren sollen, möchten unterstützen und führen, obwohl Sie in der Sache »keine Aktien« haben.

Führungskraft zu sein ist ein faszinierendes Abenteuer, bei dem starke Steuermänner und Steuerfrauen gefragt sind. Schnelllebigkeit im Unternehmen, Virtualisierung und Globalisierung stellen große Anforderungen an die Arbeitskräfte. Da ist es gut, wenn man eine Führungskraft hat, die Vertrauen erwecken kann. Führungskräfte sind Vorbilder. Nicht als bessere Menschen, sondern rein funktional: Man schaut auf Sie! Mit Ihrem Handeln und vor allem mit Ihrer Haltung prägen Sie erheblich die Kultur in Ihrer Abteilung, in Ihrem Team. Ihre persönlichen Fähigkeiten und Selbstmanagementkompetenzen zählen genauso wie die Unternehmenskultur, die Produktqualität oder – ganz prosaisch – die Bezahlung, wenn Menschen über ihre Zukunftserwartungen im Unternehmen nachdenken.

In Zeiten von VUKA (Volatilität, Unsicherheit, Komplexität und Ambiguität) wird Veränderungsmanagement zum Tagesgeschäft. Ein Veränderungsprozess jagt den nächsten und häufig ist die Umsetzungsgeschwindigkeit deutlich niedriger als die Veränderungsgeschwindigkeit. Gleichzeit führt Lean Management – der Verzicht auf »überflüssige« Führungsebenen und Reduzierung von Stabstätigkeiten – zu einer deutlichen Mehrbelastung der Führungskraft. Das Ergebnis: Das Zeitfenster für die klassische Mitarbeiterführung wird immer kleiner.

Doch gerade diese Herausforderungen sind es, die die Notwendigkeit schaffen, Rahmen und Zielen für die Mitarbeiter zu setzen, um auch in

Ungewissheit eine grundsätzliche Orientierung zu bieten. Dann können sich Mitarbeiter positiv entwickeln und ihre Stärken entfalten. Hier braucht es keine autoritäre Führung im klassischen Sinn, keine Anweisungs- und Kontrollkultur – sondern Inspiration, intellektuelle Herausforderung und eine gemeinsame Lernkultur. Doch die gibt es nicht von allein. Erfahrungen zeigen, dass, wenn die Führungskraft hier nicht im Boot ist, diese Kultur nicht vorlebt, den Rahmen nicht setzt, ihr die Mitarbeiter die Regeln aufzwingen. Dies geschieht zwar nicht vorsätzlich oder bewusst, doch das Vakuum füllt sich aus gutem Grund: Die Mitarbeiter treiben wie Boote in einem Hafen. Ist die See ruhig und weht nur ein laues Lüftchen, kann man in Ruhe seine Netze einholen. Doch wehe, wenn ein Sturm aufzieht, die Zahlen in den Keller gehen, die Qualität sinkt und die Kundenzufriedenheit nachlässt? Dann benötigen diese Boote einen Anker, der sie festhält. Dieser Anker sind Sie, die Führungskraft. In guten Zeiten ist jede Führungskraft eine gute Führungskraft. Doch erst in schlechten Zeiten zeigt sich, wie stabil Sie als Anker sind.

Wenn es gelingt, konsequent, klar und wertschätzend als Führungskraft zu agieren, erkennen die Mitarbeiter, dass sie Ihnen vertrauen können, dass der Kompass funktioniert, der Anker hält und das Boot klug gesteuert wird. Darauf kann man sich verlassen. Fehlt diese Verlässlichkeit, suchen Mitarbeiter nach eigenen Ankern und Kompassen, um wieder ein Gefühl der Sicherheit zu erhalten. Nicht selten verlassen sie das sinkende Schiff.

Heroismus als Weg aus der Krise?

Es ist also notwendig, konsequent und beharrlich zu bleiben. Doch wie gelingt das am besten? Früher war die Antwort klar: Da muss nur die richtige Führungskraft her – die Führungskraft als Heros, als Kämpfer, der es schon richtet und die Welt rettet. Manche Führungskräfte und auch Mitarbeiter glauben immer noch an die romantische Vorstellung des »Helden«. Auch im politischen Kontext gibt es immer mal wieder den Ruf nach dem »starken Mann«. Für die Mitarbeiter ist dies ein bequemer Weg, denn damit ist man raus aus der Verantwortung! Und wenn die Führungskraft scheitert, weiß man auch klar, wer die Schuld trägt. Im Sport wird es uns vorgemacht: Versagt die Mannschaft auf dem Fußballplatz, rollt der Kopf des Trainers.

Doch bröckelt die Vorstellung von heroischer Führung bereits seit den 90er Jahren (Dirk Baecker, 1994). Zu komplex, zu schnell, zu ungewiss und zu mehrdeutig sind die organisationalen Aufgaben geworden. Führungskräfte, die als Flaschenhals fungieren, haben sich überlebt. Denn auch das Kompetenzniveau und der Wunsch nach Mitbestimmung und Selbstverwirklichung auf Seiten der Mitarbeiter haben sich weiter entwickelt. Mit der alten patriarchalischen Führung, der »Great man«-Attitüde, dem Dogma der Unfehlbarkeit oder autoritärem Durchsatz funktioniert es nicht mehr. Das weckt eher Widerstand, denn auch hier gilt die alte Regel: Druck erzeugt Gegendruck. Kündigungen, ein hoher Krankenstand oder auch die innere Migration sind die typischen Reaktionsräume auf solch ein Führungsverhalten.

Manche Führungskräfte gehen den Weg des geringsten Widerstands. Sie lassen es einfach laufen. Doch führt der völlige Verzicht auf Führung und Konsequenz zu Beliebigkeit: Die Motivation sinkt, das Leistungsniveau fällt. Wozu sich anstrengen, fragt man sich da als Mitarbeiter. Es interessiert doch sowieso niemanden!

Dass der autoritäre Führungsstil oft ebenso versagt, wie eine Haltung des laissez-faire, hat sich inzwischen herumgesprochen. Beide Führungsstile entlassen den Mitarbeiter aus der Verantwortung – einmal ist die Führungskraft selbst in der Pflicht, im anderen Fall wird Verantwortlichkeit grundsätzlich verneint.

Den Mitarbeiter einbinden, ihn um seine Meinung fragen oder auch einfach eine Bitte zu äußern – diese Methoden funktionieren oft deutlich besser, aber leider auch nicht immer. Wenn sich fruchtlose Diskussionen häufen und Bitten versagen, ist Führung umso mehr gefragt.

Denn auch der meist angestrebte kooperative Führungsstil oder auch der inzwischen häufig favorisierte transformationale Führungsstil können schmählich versagen, wenn kooperatives Gerede nicht in Ergebnissen mündet – die Verantwortung nicht vom Mitarbeiter übernommen wird.

Wie soll es nun weitergehen? Manche Führungskraft ist ratlos und überfordert mit der Situation. Da lässt man den unwilligen Mitarbeiter lieber in Ruhe bis zur Rente oder versucht, ihn wegzuloben, auf dass sich jemand anderer mit dem Menschen herumschlagen kann.

Doch darf man sich so der eigenen Führungsrolle entziehen? Bedeutet das nicht, dass man sich selbst der Verantwortung entzieht? Wenn Sie als Führungskraft Ihren Job nicht machen – sei es aus Resignation oder Überforderung – untergraben Sie Ihre eigene Autorität.

Selbstreflexion: Meine Reaktionsmuster

Wie gehen Sie mit schwierigen Situationen um?

- ☐ Ich reagiere oft spontan aus dem Bauch heraus.
- ☐ Ich verzögere meine Reaktion.
- ☐ Ich schaffe mir emotionalen Abstand und reagiere schnell und bewusst.
- ☐ Ich denke drüber nach und merke dann oft, dass es sich nicht lohnt, das Thema offensiv anzugehen.
- ☐ Ich diskutiere mit dem Mitarbeiter und suche gemeinsam nach Lösungen, wenn es sein muss auch mehrfach.
- ☐ Ich löse das Problem anders, letztendlich zählt nur, dass der Job gemacht wird.
- ☐ Ich überlege mir, wie ich das Problem mittelfristig loswerden kann.

Sie sehen, es gibt mehrere Alternativen, mit schwierigen Situationen umzugehen. Wie sehen Ihre Muster aus? Und welche langfristige Effekte und Nebenwirkungen zeigen sich dadurch?

____

____

____

Was lernen die Mitarbeiter aus Ihrem Verhalten? Lohnt es, sich zu verweigern? Bekommt der Recht, der am lautesten schreit? Müssen die Guten mehr arbeiten als die Schlechten? ...

____

____

____

Wenn Sie Ihre eigenen Muster und deren Wirkung erkennen, haben Sie einen ersten Schritt getan, um mögliche Alternativen zu entdecken.

1.2 Souveränität und Stärke durch Neue Autorität

»Führung muss man wollen.«
(Alfred Herrhausen)

Gerade in schwierigen Situationen ist der Ansatz der Führung mit Neuer Autorität sehr hilfreich. Neue Autorität ist eine andere Art zu denken und zu handeln. Sie verfolgt das Ziel, Führungskräfte zu stärken, damit sie ihre Führungsaufgabe gut bewältigen können.

Das Konzept wurde ursprünglich von dem israelischen Psychologie-Professor Haim Omer (2010) für die gelingende Kindererziehung entwickelt. Auch, wenn man als Führungskraft keinen erzieherischen Auftrag hat und man Mitarbeiter weder als Kinder wahrnehmen, noch behandeln sollte, bietet dieses Konzept praktische Möglichkeiten der Führung.

Selbstkontrolle ist das Gebot der Stunde

Der erste wichtige Punkt des Führens mit Neuer Autorität und zur Änderung der eigenen Haltung ist die Einsicht, dass wir nur uns selbst verändern können. Da mag man am Menschen noch so ziehen und zerren, er lässt sich nicht verändern, es sei denn, er verändert sich selbst! Wir können die Haltung und Gedanken anderer Menschen nicht kontrollieren – auch nicht die unserer Mitarbeiter. Doch wir können konstruktive Veränderungen herbeiführen, indem wir unser eigene Haltung verändern.

- Führen mit Neuer Autorität setzt auf Präsenz und Wachsame Sorge
- Führen mit Neuer Autorität führt uns systematisch dazu, mit dem Problem nicht allein zu bleiben. Solche Herausforderungen im Führungsalltag – schwierige Mitarbeiter, Arbeitsverweigerung, innere Migration oder offensiver Widerstand – meistert man am besten mit Unterstützung.
- Führen mit Neuer Autorität setzt auf Deeskalation, sie verhindert schon im Vorfeld, dass es zur Eskalation kommt: ruhig bleiben, die Reaktion verzögern, anstatt sich aufzuregen, möglicherweise sogar die Stimme zu heben und sich einen energieraubenden Machtkampf zu liefern. Dies gibt uns Zeit, wieder zu uns zu kommen und uns ggf.

auch Unterstützung zu holen, um wieder zu Souveränität und Stärke zu kommen.

- Führen mit Neuer Autorität ist beharrlich und öffentlich. Sie bleiben bei Ihrer klaren Botschaft und machen diese auch transparent.
- Führen mit Neuer Autorität setzt auf Widerstand und Wiedergutmachung anstatt auf Bestrafung und Drohung.
- Auf diese Art und Weise entwickelt Führen mit Neuer Autorität Schritt für Schritt oft schon verloren gegangenen Respekt.

Exkurs: Was ist Neue Autorität?

Neue Autorität ist der in deutschsprachigen Ländern übliche Begriff, der für die Psychologie des gewaltlosen Widerstands verwendet wird. Dieser Ansatz wurde von Haim Omer Mitte der 90er Jahre entwickelt und hatte ursprünglich das Ziel, Eltern zu unterstützen und stark zu machen, die der Gewalt ihrer halbwüchsigen Teenager ausgeliefert sind. Neue Autorität ist daher im Ursprünglichen kein Ansatz zum Umgang mit anderen, sondern ein Ansatz zur Entfaltung des Potentials von Eltern, Lehrern, Führungskräften und anderen, damit sie ihren Job stark und souverän machen können. Es ist ein Selbstkontroll- und Selbstführungsansatz, mit dem Personen aus dem Dilemma von Hilflosigkeit und fruchtlosen Machtkämpfen entkommen können, um stark und souverän ihre Arbeit, ihren Job, tun zu können, ohne dabei, und das ist wichtig, auf die Veränderung des anderen angewiesen zu sein.

Neue Autorität kontrolliert nicht andere, weil dies unmöglich ist, sondern gibt wertvolle Hinweise und macht stark für Selbstveränderung. Neue Autorität ist eine neue Haltung in Führung und Erziehung, weg vom Drohen, Nötigen, Strafen, Ausgrenzen, hin zu Begegnung, Beharrlichkeit, Kooperation, Wiedergutmachung und Widerstand. Diese Haltung der Neuen Autorität ist lehr- und lernbar und gut mit positiven zukunftsbezogenen Ansätzen zu verbinden. Das Menschenbild und die grundsätzliche Haltung der Neuen Autorität kennen zunächst einmal zwei grundsätzliche Ebenen, auf denen Stärke und Souveränität für das eigene Handeln fußt.

Erstens: Die Hafen-Funktion. Eltern, Manager und andere brauchen einen starken Hafen. Gute Beziehungen, guten Rückhalt und bieten einen starken Hafen, gute Beziehungen und Rückhalt, um erfolgreich arbeiten zu können. Sie bauen auf Kontinuität in der Beziehung, auf Begegnung und Wertschätzung gegenüber den anderen.

Zweitens: Souveräne, starke Eltern und Manager sind ein Anker. Sie können ins Schleudern oder ins Trudeln geratenen Mitarbeiter den nötigen Rückhalt und die nötige Orientierung durch ihr Tun geben. Dies nicht nur in Zeiten von Schwierigkeiten, sondern als allgemeingültiges Führungs- und Erziehungsprinzip! Führungspersonen, die ein Anker sind, haben Struktur und geben Struktur. Sie geben Regeln , ohne diese endlos zu diskutieren.

- Führungskräfte, die führen, sind präsent, sie sind da und bleiben da, auch wenn es schwierig ist. Sie leben das Prinzip der wachsamen Sorge, sie werden aktiv, um gute neue Entwicklungen zu reflektieren und einzuleiten. Sie werden frühzeitig aktiv, wenn Warnsignale oder Schwierigkeiten auftreten.
- Führungskräfte, die ein Anker sind, sind nicht allein. Sie organisieren sich Unterstützung, damit sie ihren Job gut machen. Sie schämen sich nicht für diese Unterstützung, sondern organisieren sie offen und deutlich.
- Führungskräfte, die eine Anker-Funktion haben, sind beharrlich, bleiben auf ihrem Standpunkt und leisten Widerstand, wenn sich etwas so entwickelt, dass es betriebliche Ziele und auch den Zusammenhalt nachhaltig schädigt. Ihnen ist klar, dass sie durch ihren Widerstand das Verhalten der Anderen nicht automatisch verhindern können, aber sie signalisieren, dass mit ihnen immer zu rechnen ist. Sie sind offen, transparent und arbeiten nicht im Verborgenen.
- Führungskräfte und auch Eltern mit der Haltung der Neuen Autorität stehen für Versöhnung, Ausgleich und Wiedergutmachung anstatt für Strafe, Druck und Härte. Insgesamt lautet ihr Credo: »Wir sind da, und wir bleiben da, auch wenn manchmal gewünscht wird, dass wir nicht hier sind. Wir schätzen Sie als wichtigen Mitarbeiter unserer Firma. Gegen diese Verhaltensweisen leisten wir beharrlichen Widerstand, weil dies so nicht weitergehen kann. Dafür werden wir uns auch Unterstützung holen und weiter auf Sie zukommen, genauso wie wir auf Ihre guten Ideen warten.«

1.3 Führen mit Neuer Autorität in der Praxis

»Und bist du nicht willig, so brauch ich Geduld!«
(Haim Omer)

Was konkret bedeutet denn nun Neue Autorität im Führungshandeln? Kann man denn einfach alte Muster über Bord werfen? Neue Autorität eröffnet zunächst einmal ihre Kraft im Denken. Die Reflexion der eigenen Haltung führt zu Haltungsänderungen und eine veränderte Haltung automatisch auch zu einer Modifikation des Verhaltens. Unser Vorschlag: Spielen Sie das Geschriebene gedanklich durch. Manches wird Ihnen vielleicht zunächst wenig praktikabel vorkommen, anderes eher selbstverständlich. Da wo es selbstverständlich ist, sind Sie schon auf einem guten Weg und dürfen sich daran erfreuen! Spannender sind meist die Unterschiede. Hier fehlt die Passung, die Theorie fühlt sich fremd an – »das haben wir ja noch nie gemacht«! Hier entstehen Veränderungschancen. Irritation schafft Aufmerksamkeit. Gerade im Bruch typischer Muster entstehen Chancen für etwas Neues, auf allen Ebenen.

Sechs Wege zu Souveränität

Seien Sie souverän. Das ist leicht gesagt, denn Souveränität lässt sich nicht verordnen und nur schwer trainieren. Sie liegt in den Augen des Betrachters und funktioniert nur, wenn sie authentisch gelebt wird. Selbstbewusstsein und das Gefühl der eigenen Selbstwirksamkeit sind die wesentlichen Bestandteile dieser inneren Haltung. Souveränität kann man nicht spielen, man muss sie spüren und ausstrahlen.

Wenn Führung sich darüber definiert, dass man ihr folgt, liegt hier der Schlüssel: Menschen folgen nur Menschen, die in sich ruhen und Souveränität ausstrahlen.

Souveränität verwirklicht sich in sechs Wegen – und diese lassen sich tatsächlich üben:

1. Deeskalation
2. Vorrang für die Beziehung
3. Präsenz und wachsame Sorge
4. Unterstützung und Transparenz
5. Widerstand leisten
6. Wiedergutmachung

Die sechs Wege der Neuen Autorität beschreiten Sie am besten parallel. Das schafft Synergieeffekte.

Lassen Sie uns diese sechs Wege genauer beleuchten. Können sie beispielsweise wirklich dafür sorgen, dass ein Mitarbeiter, der schon seit Jahren Kooperation verweigert, wieder aktiv seinen Job wahrnimmt?

Bevor wir in das Thema der Lösungswege einsteigen, ein paar Gedanken zu schwierigen Situationen und üblichen Reaktionsmustern darauf.

Schwierigen Situationen aktiv begegnen

Menschen reagieren auf ihre Umwelt. Entsteht ein Problem, versuchen wir, dieses bestmöglich aus dem Weg zu schaffen. Wir können uns aber auch ungünstigen Bedingungen anpassen. Selbst im gelebten Elend kann Routine entwickelt werden. Nicht umsonst bleiben Menschen in ungünstigen Beziehungen verhaftet oder finden sich mit von außen betrachtet absurden Situationen ab. Man muss nur lange genug verharren, dann wirkt die hübsche Taube auf dem Dach weniger attraktiv als der tote Spatz in der Hand. So kann es passieren, dass Konflikte dauerhaft schwelen und Missstände irgendwann zum Inventar gehören. Das Gehirn ist in solchen Fällen durchaus auch in der Lage, den Missstand auszublenden oder ihn sich »schön« zu denken: »Ist doch gar nicht so schlimm. Der Mitarbeiter geht sowieso in drei Jahren in Rente, man selbst will den Job ja auch nicht ewig machen und sobald die neue Software eingeführt wird, erledigt sich das Thema schon irgendwie von selbst.« Und schon hat man sich als Führungskraft aus der Verantwortung entfernt.

Es gehört dann schon ein ziemlicher Energieaufwand dazu, aus einer solchen Situation auszusteigen und aktiv zu werden. Dementsprechend empfiehlt es sich, gar nicht erst in Lethargie und Resignation zu verfallen, sondern zeitnah zu reagieren, wenn ein Problem auftritt.

Was braucht der Mensch?

Doch was macht ein Problem zu einem Problem? Wann entsteht eine solche »schwierige Situation«? Aus psychologischer Sicht spüren wir meist dann ein Problem, wenn wir emotionale Bedürfnisse vernachlässigt oder auch die körperliche und geistige Unversehrtheit gefährdet sehen. Die Erforschung der Grundbedürfnisse nimmt in der Motivationstheorie einen großen Stellenwert ein.

Nach der Cognitive Experiental Self Theory von Seymour Epstein (2003) gibt es vier menschliche Grundbedürfnisse:

- Kontrolle über das eigene Leben,
- der Wunsch nach Bindung,
- Lust bzw. Unlustvermeidung und
- Selbstwerterhöhung.

Man möchte also sein Leben selbst gestalten können, in guten Beziehungen Nähe erleben, Anerkennung und Wichtigkeit erfahren und sich auf die Dinge konzentrieren, die einem gut tun. Dabei können sich diese Bedürfnisse ausbalancieren. So ist es möglich, langfristig auch eine wenig lustorientierte Ausbildung zu machen in dem Wissen, dass man anschließend mehr Anerkennung erfährt und auch andere Möglichkeiten hat, berufliche Erfüllung zu finden.

Ryan & Deci (2017) beschreiben in der Self-Determination-Theory drei Grundbedürfnisse:

- Zugehörigkeit
- Autonomie
- Erfolg

Das sind ähnliche Bedürfnisse wie bei Epstein, doch wird hier stärker die Erlebnisebene betont: sich zugehörig zu fühlen, Autonomie zu spüren und Erfolge feiern zu können. Grundbedürfnisse sind sehr stark emotional unterfüttert. Deshalb ist es auch für den Menschen so belastend, wenn diese Grundbedürfnisse zu kurz kommen.

Sind diese Bedürfnisse gefährdet, fühlen wir uns ausgeschlossen. Im unternehmerischen Kontext sind solche Grundbedürfnisse schnell verletzt. Eine Versetzung, eine Prozessänderung ohne Einbindung der Mitarbeiter – schon leidet das Kontrollbedürfnis. Werden Teams neu zusammengestellt, Umzüge in andere Räumlichkeiten verordnet und damit stabile Arbeitsbeziehungen zerstört, leidet das Bindungsbedürfnis. Jede Veränderung an sich führt dazu, dass alte Strukturen neu verhandelt werden müssen, Routinen nicht mehr funktionieren und das

Gehirn aus der »Komfortzone« gelockt wird – für die meisten Menschen ist das kein lustvoller Prozess, sondern ärgerlich. Einerseits ist es mühsam, sich neue Routine zu erwerben, andererseits kann man sich zunächst einmal gar nicht so sicher sein, dass man die Veränderung auch beherrschen kann: Bin ich noch gut genug? Schaffe ich die neuen Prozesse? Ist überhaupt noch Platz für mich? Veränderungen verunsichern in hohem Maße und das dürfte auch erklären, warum Mitarbeiter oft mit großem Widerstand reagieren. Auch das Bedürfnis nach Selbstwerterhöhung wird schnell verletzt, wenn Erfolge fehlen. Mitarbeiter wollen gewürdigt werden, wichtig sein, sich entwickeln dürfen. Doch die Phrase »Die Mitarbeiter sind unser wichtigstes Kapital« – eigentlich nett gemeint, aber in der Aussage inhuman – würdigt die Mitarbeiter zum Betriebsmittel herab. Auch die menschlichen Ressourcen sollen vor allem nützlich sein und arbeiten. Mit- oder gar Querdenken ist nicht unbedingt gefragt.

Es gibt also genügend Gründe, warum es manchmal nicht rund läuft, Mitarbeiter in den Widerstand gehen, innerlich kündigen oder auf Krawall gebürstet sind. Manche Menschen haben die Fähigkeit erworben, sich auch in solchen Situationen zu motivieren und anzupassen. Manche Menschen besitzen auch einen gewissen Grundoptimismus und Steherqualitäten, schwierige Situationen als Herausforderungen wahrzunehmen, auf sich und die Welt zu vertrauen und das Beste aus schwierigen Situationen zu machen.

Umgang mit Misserfolg

Sind wir aus dem einen oder anderen Grund nicht erfolgreich, suchen wir nach Bewältigungsstrategien. Diese können zur Lösung führen oder auch unangemessen sein. So kann man als Mitarbeiter einem Misserfolg mit Selbstkritik und persönlicher Weiterentwicklung begegnen, man kann aber ebenso den Misserfolg ignorieren oder die Schuld auf andere schieben. Ob das nun funktioniert oder nicht, hängt nicht unerheblich von der Führungskraft ab, ihren Erwartungen und Standards, der Unternehmenskultur, in der man sich bewegt. Verhalten sich Mitarbeiter mehrmals inadäquat – beginnen sie beispielsweise, sich lauthals zu rechtfertigen oder verweigern schlichtweg Aufgaben – sind sie »schwierig«, haben sie nun den Stempel weg und tatsächlich auch oft keine Chance mehr, im Unternehmen als konstruktiv und wertvoll wahrgenommen zu werden. Man begegnet ihnen entsprechend. Kreisläufe sich selbst erfüllender Prophezeiungen beginnen ihr eskalierendes Werk. Wenn Mitarbeiter sich bemühen, sich selbst in ein gutes Licht zu setzen auf Kosten anderer oder sich in eine Verweigerungshaltung begeben, tun sie das meist, um sich selbst zu schützen und ihren Selbstwert zu erhalten. Wenn sie mit diesem Verhalten nun auf Ablehnung stoßen, und damit die Bedürfnisse nach Bindung, Kontrolle und Selbstwerterhöhung immer nachhaltiger unbefriedigt bleiben, geraten sie in ein »existentielles Dilemma«.

Lassen Sie uns unsere Gedanken an einem konkreten Beispiel entwickeln.

Beispiel: Hubert Lau ist schuld

Hubert Lau ist Senior Projektleiter in einer Werbeagentur und betreut in dieser für ihn neuen Funktion ein Versicherungsunternehmen. Er hat lange um diesen Job gekämpft und seine Führungskraft mühsam überzeugen müssen, dass er bereits eine Projektleitung übernehmen kann. Doch gibt es im Kundenkontakt mit der Versicherung zunehmend Probleme: in den Briefinggesprächen verändern sich die Anforderungen und es kommen immer neue Wünsche dazu. Natürlich ist er bestrebt, alle Wünsche in das zu erstellende Konzept zu integrieren, doch die Zeit wird immer knapper. Kurz vor Abgabetermine fragt ihn seine Führungskraft nach dem aktuellen Status. Lau schildert die Verzögerungen, gibt aber gleichzeitig an, die Konzeption zeitgerecht liefern zu können. Zwei Tage vor der Präsentation meldet sich der Kunde bei der Führungskraft von Hubert Lau und beschwert sich darüber, dass das noch vorzulegende Konzept den Anforderungen nicht genüge und man sehr unzufrieden sei. Die Führungskraft entzieht Herr Lau das Projekt und kümmert sich von nun an selbst darum. Herr Lau meldet sich krank.

Er ist in einem Dilemma – das Selbstbild seiner Kompetenz und seiner Leistung entspricht nicht dem Fremdbild, das der Kunde zeichnet und seine Führungskraft anscheinend unreflektiert übernimmt. Sein Bemühen, sich auf den Kunden einzustellen und das Konzept möglichst passgenau zu erstellen, wird nicht gewürdigt. Dabei hat er in der Vergangenheit gelernt, dass man sich nur genügend anstrengen muss, damit es klappt! Die Geschichte setzt ihm so zu, dass er erkrankt. Damit bestärkt er das Bild der Überforderung, das er eigentlich mühsam zu vermeiden sucht.

Doch auch die Führungskraft Marita Hansen ist im Dilemma: Sie hat sich von Hubert Lau überzeugen lassen, ihm das Projekt anzuvertrauen. Obwohl sie wusste, dass Lau noch nie ein so großes Projekt gestemmt hat, verzichtete sie auf eine Einbindung und ließ sich erst kurz vor Abgabe informieren. Nun muss sie sich vom Kunden sagen lassen, dass der Job nicht gut gemacht ist. Da sie keine Ahnung hat, was da passiert ist, reagiert sie mit einer Kurzschlusshandlung: Sie übernimmt das Projekt selbst, um den Termin zu halten. Damit ist das Scheitern vorprogrammiert, denn in der Kürze der Zeit lässt sich auch mit Aktionismus keine Qualität herstellen. Und so missglückt die Präsentation; auch das modifizierte Konzept wird vom Kunden abgelehnt. Da Lau nun erkrankt ist, gibt es keine weiterführenden Informationen über die Briefings. Sie müsste bei Null anfangen, was aber dem Kunden schwer zu vermitteln sein dürfte. Darüber hinaus erhält sie nun Druck aus der eigenen Geschäftsleitung, weil der Verlust des gesamten Auftrages droht, an dem doch einige Arbeitsplätze hängen.

Resumee des Beispiels

Die Situation ist nun ziemlich verfahren: ein Mitarbeiter wahrscheinlich langfristig erkrankt und hoch demotiviert, eine Führungskraft, der man Versagen vorwirft, ein möglicher Kundenverlust, eine unzufriedene Geschäftsleitung. Alle haben sich nach besten Kräften bemüht und doch ist die Situation eskaliert.

Lassen Sie uns im Verlauf des Buches schauen, wie man das Thema konstruktiv anpacken kann. Sie werden deshalb Herrn Lau und Frau Hansen im Folgenden noch häufiger begegnen und entdecken, wie man diese Situation auch anders lösen kann oder vielleicht sogar hätte verhindern können.

Selbstreflexion: Führungskompetenz in Neuer Autorität

Testen Sie Ihre Intuition und Ihre Führungskompetenz gemessen am Modell der Neuen Autorität.

Sie haben das Beispiel gelesen. Was denken Sie darüber?

Was hätte die Führungskraft anders machen können oder anders gefragt: Was hätten Sie anders gemacht? Hier ist Platz für Ihre Ideen.

1.4 Deeskalation: Bleiben Sie ruhig und cool!

»Sobald der Mensch in Zorn gerät, gerät er in Irrtum.«
(Volksweisheit)

Ihr Mitarbeiter befolgt eine Anweisung nicht, bindet Sie nicht mit ein oder gefährdet die Zielerreichung ohne Rückmeldung. Sie sprechen ihn darauf an, er gerät in die Defensive und reagiert möglicherweise mit Schuldzuschreibungen oder Gegenangriff. Ein Wort ergibt das andere, Sie sehen Ihre Autorität untergraben und haben den Eindruck, sich jetzt um jeden Preis durchsetzen zu müssen. Wenn Sie nun auch noch zu Ungeduld neigen, kommt es bald zu bösen, kaum wieder gut zu machenden Anwürfen und Drohungen, zu Kurzschlusshandlungen.

In unserem Beispiel:

Hubert Lau gerät in Rechtfertigungsdruck. Er merkt, dass der Rückhalt der Führungskraft fehlt, sie dem Kunden mehr glaubt als ihm. Damit ist die Führungskraft eher Feind als Verbündete. Die Führungskraft reagiert damit, dass sie die Aufgabe entzieht und es selbst macht. Die Botschaft könnte klarer nicht sein:« Ich vertraue dir nicht, du kannst es nicht.«

Ist der Konflikt soweit eskaliert, erscheint es keinen guten Weg mehr zu geben, den Mitarbeiter wieder einzufangen. Man beginnt zu diskutieren, belehren, sich zu beklagen oder zu beschweren. Da geht man zum Betriebsrat, drohen Abmahnungen und schlechte Leistungsbeurteilungen. Der Druck nimmt zu und der Widerstand kann daran wachsen. Nicht selten stehen die Maßnahmen dann in keiner Relation mehr zum tatsächlichen Sachverhalt – worauf einen spätestens die Personalabteilung hinweist, wenn sie einem die Hände bindet für weitere Schritte.

Nach solchen Eskalationsschleifen bekommt ein Mitarbeiter nicht selten nun den Stempel »hoffnungsloser Fall« auf die Stirn! Er ist verbrannt, ein Querulant. Im Führungskreis heißt es dann auch schon mal: »Lass die Finger von dem. Da hat sich der Vorgänger bereits die Zähne dran ausgebissen.« Die Kollegen des Mitarbeiters sehen das und sind erstaunt: »Darf man sich das hier erlauben?« Nun droht auch noch Ansteckungsgefahr.

Das wäre vermeidbar gewesen, gelänge es der Führungskraft, sich selbst und ihre eigenen Handlungen zu kontrollieren und die eigene Reaktion zu verzögern, indem sie sich in solchen angespannten Situationen ganz auf ihr Verhalten konzentriert und zunächst einmal schweigt, sich sammelt und auf die eigene Stärke (nicht Macht!) besinnt.

Die Erkenntnisse der Neurowissenschaften zeigen: Wenn sich unser emotionales Gehirn einschaltet und wir uns in unserer Wertschätzung und unseren emotionalen Bedürfnissen bedroht fühlen, werden Worte nicht mehr gehört. In einem solchen Moment der Eskalation können Sie Ihren Mitarbeiter nicht mehr erreichen! Also kann man sich diese Worte getrost erst einmal sparen, um besser später in Ruhe darauf zurück zu kommen.

Haben Sie Sorge, dass Sie sich in solchen Situationen nicht beherrschen können? Keine Sorge, das kann man lernen. Sie können das lernen (immer daran denken: Wir können nur uns selbst, nicht aber die anderen verändern!) Dazu ist lediglich etwas Übung und Erfahrung nötig. Versuchen Sie es einfach, wenn Sie sich wirklich aufregen! Lernen Sie, darauf zu achten, welche Symptome Ihr Körper zeigt, wenn der Ärger beginnt. Spüren Sie Ihr Herz klopfen? Wird es Ihnen warm? Beginnen vielleicht auch die Hände zu zittern? Lernen Sie Ihren Körper kennen und lesen Sie die Signale, denn emotionale Zustände zeigen sich bereits körperlich, wenn Sie sich selbst noch als ruhig und gelassen wahrnehmen. Machen Sie diese Signale zu einem Anker der Deeskalation. Je früher Sie erkennen können, dass Sie möglicherweise gerade die Fassung verlieren, desto eher können Sie mir der Deeskalation beginnen. Stoppen Sie sich selbst für einige Minuten oder machen Sie etwas anderes!

Erinnern Sie sich an Ihre Stärke und Ihr persönliches Standing, wenn Gefühle von Ärger oder Hilflosigkeit aufsteigen!

Gutes Selbstmanagement als Schlüssel zur Deeskalation

Das ist leicht gesagt, doch wie macht man das? Hier einige Tipps dazu:

- Atmen Sie langsam und tief ein. Gehen Sie am besten in Ihre Bauchatmung. Dann lassen Sie den Atem los. Atmen Sie bewusst aus und genießen Sie die kleine Pause, die sich nach dem Ausatmen einstellt. Das ist der Ruhepunkt. Mehrere tiefe Atemzüge und das leichte Verweilen im Ruhepunkt sorgen dafür, dass sich das vegetative Nervensystem wieder beruhigt.

- Suchen Sie sich einen Satz, ein persönliches »Mantra«, der für Sie in dieser Situation einen Anker darstellt! Zum Beispiel: »Ich bin ruhig und gelassen.« Oder auch »Don t worry, be happy!«
- Halten Sie das rechte Nasenloch mit dem rechten Zeigefinger zu und atmen Sie ein und aus! Das aktiviert den Parasympathikus.
- Richten Sie sich auf und gehen Sie (innerlich) einige Schritte zurück. Gewinnen Sie mentalen Abstand zur Situation.
- Denken Sie an etwas anderes, etwas Gutes, etwas Lustiges. Lenken Sie sich kraftvoll ab!
- Rufen Sie einfach jemanden an! Suchen Sie sich einen Gesprächspartner, bei dem Sie mal kurz Ihren Frust abladen können.

Eine andere Möglichkeit besteht darin, wertschätzend zu kommunizieren. Denn miteinander »nett« zu reden ist das beste Rezept zur Lösung.

Reden Sie miteinander!

Doch auch wertschätzende Kommunikation sollte man üben – da fällt kein Meister vom Himmel.

Aktiv-Konstruktives Reagieren

- Begegnen Sie Ihrem Mitarbeiter mit einer interessierten Frage.
- Bemerken Sie die Dinge, die er gut gemacht hat und würdigen Sie diese.
- Fragen Sie interessiert zurück, statt selbst eine Verteidigungsrede zu halten oder mit einem Gegenangriff zu starten. In Bedrängnis reagieren wir oft zu defensiv oder zu offensiv.
- Vertrauen Sie auf die Kraft des »Wir«. Sie sind nicht allein im Unternehmen, sondern repräsentieren in Ihrer Führungsrolle die Organisation. Es klingt deutlich besser, wenn Sie von »wir, der Führungskreis« als von »ich, dein Vorgesetzter« sprechen. Ihre Botschaften bringen Sie dann ruhiger und gelassener rüber. Und darauf kommt es an: Ihre Botschaften sollen Gehör finden und verstanden werden.

Was heißt das für Marita Hansen?

Direkt nachdem der Kunde aufgelegt hat, rief Marita Hansen ihren Mitarbeiter zu sich und konfrontierte ihn sichtlich aufgebracht mit den Vorwürfen. Hier wäre es dienlicher gewesen, sich zunächst einmal ein wenig Zeit zu nehmen, um den Anruf zu verdauen – eine Tasse Kaffee oder am offenen Fenster einmal tief durchatmen. Im Gespräch wäre es wichtig, den Standpunkt von Herrn Lau zu erfragen, nachdem man erst einmal positiven Kontakt hergestellt hat: Wie sieht er den Auftrag? Wie läuft das Briefing? Was hat er bereits alles investiert? Wenn sie sich ein Bild gemacht hat, ist es notwendig, den Anruf des Kunden sachlich zu schildern. So hat man den Raum, gemeinsam zu überlegen, wie man konstruktiv mit der Situation umgeht und die Präsentation erfolgreich gestaltet.

Eine gute Methode für die Gesprächsführung bietet die »supportive feedback-Technik« nach Kim Cameron:

- Kontakt: Nehmen Sie Kontakt auf, schauen Sie sich in die Augen. Lassen Sie dem Gegenüber Zeit, erst einmal im Raum anzukommen, bieten Sie einen Sitzplatz an.
- Beziehung: Machen Sie deutlich, dass Sie die Beziehung schätzen. Interessieren Sie sich wohlwollend für Ihr Gegenüber. Danken Sie für die Gesprächsbereitschaft: »Ich freue mich, dass Sie sich die Zeit genommen haben.«
- Schilderung: Schildern Sie, was Ihnen aufgefallen ist. Konzentrieren Sie sich im Feedback auf konkretes wahrnehmbares Verhalten. Verzichten Sie dabei auf Interpretationen, Vermutungen und Bewertungen.
- Auswirkung: Welche Konsequenzen hatte das Verhalten? Auf sachlicher und auf emotionaler Ebene. Reden Sie über Wirkung und erfragen Sie die Absicht.
- Vorschlag: Lassen Sie Ihr Gegenüber selbst Vorschläge machen, wie man zu besseren Konsequenzen kommen kann. Entwickeln Sie gemeinsam Handlungsalternativen – zur Lösung und zur Vorbeugung.
- Lösung: Einigen Sie sich auf einen Lösungsweg. Überlegen Sie gemeinsam, woran man die Zielerreichung erkennen kann. Vereinbaren Sie ggf. einen Folgtermin, um die Lösungsfortschritte zu reflektieren.

So hat man einen guten roten Faden für das Gespräch.

Kann Deeskalation nicht als Schwäche ausgelegt werden? Nein. Es bedeutet ja nicht, dass wir die Situation einfach übergehen und so tun, als wäre nichts passiert. Wichtig ist, dass Sie zu einem späteren Zeitpunkt auf das Thema zurückkommen. Manchmal reichen fünf Minuten aus, manchmal ist es sinnvoll, eine Nacht über die Sache zu schlafen. Holen Sie sich Unterstützung und überlegen Sie sich vorab, wie Sie als Nächstes handeln werden. Durch Handeln vermitteln Sie Stärke und Konsequenz. So gelingt es nicht nur, Eskalationen zu vermeiden, sondern auch der gewünschte Anker für die Mitarbeiter zu sein.

Selbstreflexion: Die eigenen Muster

Welche Reaktionsmuster zeige ich in Konflikten?

sehr geduldig	....	sehr ungeduldig
lösungsorientiert	....	problemorientiert
beherrscht	....	emotional
lernorientiert	....	Schuld suchend
kooperativ	....	konfrontativ
unterstützend	....	abwertend

Sprechen Sie mit Menschen, die Sie gut kennen. Wie schätzen diese Ihre Konfliktmuster ein? Welche Beobachtung haben sie gemacht? Diese »blinde Flecken« erkenne ich bei mir:

____

Schauen Sie selbst, ob Ihre Reaktionsmuster deeskalierend sind oder doch eher ein wenig Angst einflößen.

1.5 Vorrang für die Beziehung

»Um eine Kultur zu schaffen,
genügt es nicht,
mit dem Lineal auf die Finger zu klopfen.«
(Albert Camus)

Egal was passiert, sorgen Sie dafür, dass alle Türen offen bleiben und die Verbindung zum Mitarbeiter nicht abreißt. Wenn Mitarbeiter schon lange Jahre im Unternehmen sind, ist es oft schwer, Konsequenzen zu ziehen und sich von einem unliebsamen Non-Performer zu trennen. In vielen Unternehmen gibt es Kollegen, die schon seit Jahren nicht die erforderlichen Leistungen erbringen oder sich als Außenseiter im Team etabliert haben. Viele Führungskräfte resignieren dort, weil die Unterstützung aus der Personalabteilung fehlt oder der Betriebsrat schützend seine Hände über den Mitarbeiter hält. Doch auch diese »schwierigen« Mitarbeiter waren wahrscheinlich früher einmal motiviert und kompetent in ihrem Job, haben persönliche Stärken und Bedürfnisse. Manchmal führt Demotivation zu innerer Migration, manchmal passen Anforderungsprofil und Fähigkeitsprofil nicht mehr überein, manchmal stimmt die Chemie einfach nicht. Es gibt viele Gründe, warum Menschen aus ihrer Kraft gehen. Wie kann man solche Arbeitsverhältnisse wieder konstruktiv gestalten? Sicherlich nicht, indem man den Mitarbeiter »unter Quarantäne« stellt oder ihn von einer Position auf die andere befördert und »Schwarzer Peter« spielt.

Die Beziehung zum Mitarbeiter auch in herausfordernden Situationen zu erhalten, bedeutet, in keinem Moment Zweifel an der Beziehung zuzulassen. Vielmehr sollte immer die Sicherheit vermittelt werden, dass das Unternehmen und Sie als Führungskraft hinter dem Mitarbeiter stehen, dass er hier seinen Platz hat und geschätzt wird, auch wenn aktuell die Leistungen oder das Verhalten nicht dem üblichen Standard entsprechen. Das heißt natürlich nicht, dass eine solche Beziehung jedes Fehlverhalten oder unangemessenes Benehmen toleriert und akzeptiert. Es gilt also nicht, die Beziehung um jeden Preis zu schätzen. Doch ist eine funktionierende Beziehung die Basis für effektives Führungshandeln.

Das Gefühl, nicht geschätzt zu werden oder am falschen Platz zu sein, nagt bei jedem Menschen am Selbstbewusstsein und erschüttert das Bedürfnis nach Selbstwerterhöhung. Das Gefühl, ausgegrenzt zu werden, erzeugt neben Scham auch sozialen Schmerz, denn die elementaren Grundbedürfnisse des Menschen werden durch fehlende Anerkennung, fehlende Wertschätzung, fehlende Nähe verletzt. Aus diesem sozialen Schmerz entstehen Wut, Aggression und Ärger. Das Ergebnis sind Machtkämpfe und Eskalationen, die die Arbeitsbeziehung, aber auch die sozialen Beziehungen zwischen Führungskraft und Mitarbeiter belasten. Spürt der Mitarbeiter jedoch Wertschätzung und Würdigung, wächst das Band einer guten Beziehung. Früher sprach man bei der Mitarbeiter-Unternehmens-Beziehung schon einmal von »beruflicher Heimat«. Das ist in den letzten Jahren ein wenig in Vergessenheit geraten. Vielleicht sollte man den Gedanken wiederbeleben: Das Unternehmen ist mein sicherer Hafen.

Gute Beziehungen erfordern Pflege

Das Pflänzchen der Beziehung gilt es jeden Tag zu hegen und zu pflegen. Wie soll man das den bloß im Alltag realisieren? Hier einige Möglichkeiten:

- Entdecken Sie in Ihren Mitarbeitern das Gute und Außergewöhnliche, das, was den Einzelnen stark und unverwechselbar macht. Sprechen Sie Ihren Mitarbeiter auch darauf an.

  Beispiel: Wir erleben in Teamworkshops immer wieder ungeahnte Talente: Da kann jemand ungewöhnlich gut zeichnen und malt stellvertretend für das ganze Team die frisch erarbeitete Vision als Bild eines Schiffs. Die Begeisterung der Kollegen beflügelt den Zeichner ebenso, wie das tolle Bild das komplette Team inspiriert. In einem anderen Fall entpuppt sich jemand in der Vorstellungsrunde als passionierter Hobbygriller. Die kurz nach dem Seminar geplante Weihnachtsfeier wurde schnell entschlossen zum entspannten Wintergrillen umdefiniert.

  Es erstaunt immer wieder, dass Menschen, die jahrelang miteinander arbeiten, so wenig voneinander wissen!

- Suchen Sie kleine Momente der Begegnung, Momente der Resonanz mit Ihren Mitarbeitern. Das Gespräch am Kaffeeautomat, die gemeinsame Zigarette, die Freude über das Ergebnis des Pokalendspiels oder auch die kleine Anekdote am Rande. Bei Seminaren finden solche Momente oft abends an der Theke statt oder in den Pausen, im

Alltag muss man sie manchmal aktiv suchen oder auch ermöglichen. Seien Sie hier kreativ. Manche Führungskräfte veranstalten einmal in der Woche ein gemeinsames Frühstück mit dem Team. Was geht noch? Veranstalten Sie Events, z. B. das Sommerfest der Abteilung, eine Klausurtagung, die gemeinsame Teilnahme an Social Events.

Pflegen Sie das Management by walking around (siehe dazu S. 84): Gehen Sie einfach einmal am Tag durch die Abteilung, begrüßen Sie jeden Einzelnen, wechseln Sie ein paar Worte. Das sollte kein Höflichkeitsbesuch sein, keine lästige Pflicht, sondern der aktive Wunsch, mit den einzelnen Mitarbeitern in Kontakt zu gehen. Nutzen Sie diese Begegnungen, seien Sie neugierig und absolut präsent.

Doch diese Tipps sind oft leichter gesagt als getan. Sie haben viel zu tun, eine Besprechung jagt die nächste und dann haben Sie ja auch noch das Tagesgeschäft zu erledigen. Gerade in den unteren Führungsebenen haben organisatorische und planerische Aufgaben einen großen Stellenwert: z. B. Schichtpläne erstellen, Urlaubsplanung, Ressourcenverteilung, Berichtswesen und Produktionssteuerung. So kommt die Zeit für »echte« Führung oft zu kurz, zumal, wenn passende »Rezepte« für den Umgang mit Mitarbeitern fehlen. Da hilft meist auch kein von oben verordnetes Programm mit Mitarbeitergesprächen, Zielvereinbarungen und Leistungsbeurteilungen.

Machen Sie sich bewusst, was Führung bedeutet und welche Verantwortung Sie tragen. Sie haben als Multiplikator Einfluss auf Ihre Mitarbeiter, wirken motivierend oder auch demotivierend. Übernehmen Sie Ihre Führungsrolle nicht und drücken sich vor der Verantwortung sollten Sie sich nicht wundern, wenn Ihr Vorbild auch hier wirkt. Keine Zeit für Personalarbeit? Dann lohnt es sich, Prioritäten zu überdenken.

Wie kommen Sie nun zu dieser positiven Begegnung mit Ihrem Mitarbeiter? Freuen Sie sich darauf!

- Suchen Sie Einklang mit sich selbst, indem Sie sich einige Minuten wahrnehmen und wohlwollend auf sich selbst schauen. Bringen Sie sich in eine positive Grundstimmung. Wer nur schlecht gelaunt eine lästige Pflichtübung absolviert, ist nicht offen für Resonanz.
- Überraschen Sie Ihren Mitarbeiter mit einer kleinen einseitigen Geste des Wohlwollens, beispielsweise ein nettes Wort, ein Lächeln, eine Aufmunterung.

- Sprechen Sie wertschätzend. Bemerken Sie positive Kleinigkeiten Tag für Tag, statt nur auf das Negative zu starren. Oft vernachlässigen wir die kleine Schritte zum Ziel, weil das Ganze noch zu wünschen übrig lässt. Verwenden Sie ein freundliches Wort, ein Lächeln, Humor, besonders dann, wenn Sie glauben, dass es nicht mehr geht! Beobachten Sie sich auch in Ihrer Kommunikation. In vielen Unternehmen hat sich eine Kultur von Sarkasmus und als Humor getarnte Abwertung breit gemacht – hart, aber herzlich, man weiß ja, wie es gemeint ist! Versuchen Sie es lieber mit Freundlichkeit und offenem Aufeinander zugehen. Genießen Sie den Unterschied!
- Nehmen Sie sich die Zeit für den Kontakt. Manches funktioniert auf Zuruf und zwischen Tür und Angel, doch gerade bei belasteten Beziehungen reicht diese Form der Kommunikation nicht aus. Denn diese ist schon geprägt von Misstrauen und Missverständnis. Hier braucht es Zeit und Entschleunigung, um eine gute Gesprächsbasis herzustellen.
- Notieren Sie sich auch die positiven Begegnungen und Gedanken dazu. Bei Beurteilungsgesprächen überwiegen oft die negativen Eindrücke, denn diese verankern sich besser in unserem Gedächtnis. Wenn ein Mitarbeiter schon »in Verruf geraten« ist, sucht man oft unterbewusst nur noch nach Bestätigung des Urteils. Das vernebelt den Blick für Qualität und Fortschritt.

Ideenkoffer: Beziehungsgesten im Arbeitsalltag

Ein nettes Wort/ein Kompliment/eine kleine Anekdote oder persönliche Erfahrung teilen/Zeit schenken/ein Lächeln/ein bewusstes »Danke«/eine kleine Würdigung der Person, z. B. im Hinblick auf eine besondere Stärke oder eine erkennbare Bemühung/Erfolge feiern/Kritik des Mitarbeiters ernst nehmen und interessiert nachfragen/an Geburtstage denken/Fürsorge walten lassen (nicht in Form von Entmündigung, sondern als aktive Wertschätzung).

Warten Sie nicht auf das Gegenüber!

Manchmal tappen wir in die Falle: Besonders, wenn man selbst gerade in Hektik ist oder man gerade nicht besonders gut aufeinander zu sprechen ist, neigt der Mensch dazu, sich zurückzuziehen, die kleinen Gesten zu vernachlässigen oder auch darauf zu warten, dass das Gegenüber auch mal was macht! Doch auch hier ist Selbstkontrolle das Gebot: Bleiben Sie aktiv und handlungsfähig. Setzen Sie bewusst Beziehungsgesten, auch wenn Sie den Eindruck haben, das ist verlorene Liebesmüh. Ist es nicht! Die Freundlichkeit und das Angenommensein wirken.

Manchmal ist man auch einfach genervt und ärgerlich. Dann werden Beziehungsgesten gestrichen. Strafe muss schließlich sein! Doch hier ist Achtung geboten: Wenn Sie alle Beziehungsgesten streichen, was bleibt dann noch? Als Führungskräfte müssen wir auf unerwünschtes Verhalten mit Konsequenz reagieren. Doch ein Arbeitsverhältnis besteht nicht nur aus Kritik und der Androhung von Konsequenzen. Beziehungsgesten führen dazu, dass der Kontakt offen bleibt, Kritik und Rückmeldung auch gehört werden! Machen Sie deutlich: »Dieses Verhalten tolerieren wir nicht! Als Mitarbeiter schätzen wir dich und diese Beziehung ist uns wichtig. Wir werden dich nicht aufgeben!«

Zurück zu unserem Beispiel

Frau Hansen hat erst durch das Telefonat des Kunden von den Schwierigkeiten erfahren. Im Gespräch mit Hubert Lau hört sie, dass es mehrere Telefonate und Änderungswünsche von Kundenseite gab. Zukünftig wäre ihr zu raten, häufiger das Gespräch mit den Mitarbeitern zu suchen und Begegnungsräume zu schaffen: mal vorbei gehen, interessiert nachfragen, vertrauensvoll zur Verfügung stehen, ohne aktive Einmischung oder Kontrolle – einfach da sein.

Selbstreflexion: Beziehungsmanagement

Wie häufig bin ich mit meinen Mitarbeitern in Kontakt?

Biete ich den Raum für offene Gespräche? In welcher Form?

Wie reagiere ich auf Fehler oder Schwierigkeiten? Haben die Mitarbeiter Vertrauen in meine Unterstützung oder eher Sorge vor Repressalien?

Wie kann es mir gelingen, Begegnungen zu ermöglichen?

1.6 Die Kraft der Unterstützung

»Um ein Kind zu erziehen,
brauchst du ein ganzes Dorf.«
(afrikanisches Sprichwort)

Ähnlich geht es mit der Leitung eines Unternehmens. Einer allein kann da nicht viel erreichen. Ein »Wir«, eine Gemeinschaft, die da ist und leitet und lenkt. Führungsarbeit ist kein Einzelschicksal, doch führt die Kopplung von Führungserfolg und individuellen Zielvereinbarungen dazu, dass sich Führungskräfte zunehmend allein gelassen fühlen, wenn es um die Steuerung schwieriger Mitarbeiter geht. Der einzelne versucht vielleicht, mehr oder weniger heroisch das Problem zu lösen, manchmal mit der Brechstange und scheitert dann im System von Abmahnungen und juristischen Fallstricken. Nicht selten führt ein solches Verhalten zu Kollateralschäden in der Belegschaft. Doch auch die Alternative des Wegschauens und dezenten Ignorierens hat Nebenwirkungen, die man besser vermeiden möchte. Man untergräbt nicht nur die eigene Autorität, sondern auch die Motivation der Mitarbeiter. Früher oder später machen alle Führungskräfte die Erfahrung, dass man schwierige Situationen nicht alleine meistern kann. Im Gegenteil, durch Einzelgängertum verstrickt man sich immer mehr und versinkt schließlich im Sumpf der Aussichtslosigkeit. Wir brauchen Unterstützung von anderen Menschen, die bereit sind, an unserer Seite zu stehen, damit wir unsere Führungsaufgabe meistern können. Denn nur, wenn wir gestärkt sind, bilden wir das Rückgrat des Unternehmens, an dem sich die Mitarbeiter aufrichten können.

Vom Ich zum Wir!

Um Unterstützung bittet man diejenigen, die eine Stütze sein können. Dies kann der Kollege des Mitarbeiters sein, der ein paar deutliche Worte von Mensch zu Mensch spricht, der eigene Mentor, der mit Tipps zur Seite steht, der direkte Vorgesetzte, der Rückhalt bietet oder auch die Experten aus der Personalabteilung, die oft klärend helfen können. Nicht zu vergessen der Betriebsrat, der mithelfen kann, den nötigen Rahmen zu stecken. All das sind Unterstützer und Unterstützerinnen. Allein zu wissen, dass man sie hat und auf sie zählen kann, gibt erfahrungsgemäß enorme Stärke. Bitte beachten Sie, Unterstützer machen ihre Arbeit am besten freiwillig! Man sollte sie nicht nötigen und zwingen kann man sie auch nicht.

In vielen Unternehmen gibt es Führungsnetzwerke. Diese entstehen oft aus Trainee-Programmen heraus oder aus längerfristig aufgebauten Führungskräfte-Seminaren. Da sich die Teilnehmer hier in einem lernenden Umfeld begegnen und sich in der Regel über die Zeit sehr gut kennen und schätzen lernen, entstehen oft langfristige Beziehungsnetze. Arbeitsmethoden wie »Kollegiale Beratung« (siehe dazu »Methodenkoffer« auf Seite 40) dienen dazu, sich schnell und komplex gegenseitig unterstützen zu können.

Sprechen Sie über das Thema!

Organisation von Hilfe erfüllt auch einen anderen wichtigen Aspekt, nämlich den der Transparenz.

Mit der Organisation der Unterstützung machen wir das problematische Verhalten öffentlich und stehen zu dieser Öffentlichkeit – muten sie auch dem anderen zu. Transparenz nimmt selbstverständlich Rücksicht auf Intimität und ethische Grundsätze. Öffentlich gemacht wird das, was im Sinne einer guten Präsenz, einer guten Entwicklung der Zusammenarbeit und einer souveränen Stärkung der allgemeinen Mitarbeitermotivation und der Führung sinnvoll erscheint.

Ziel dieser Öffentlichkeit ist es nicht, den Mitarbeiter an den Pranger zu stellen, sondern deutlich zu machen, dass uns die Lösung einer herausfordernden Situation wichtig ist, so dass wir bereit sind, über unsere Probleme zu sprechen und uns Unterstützung zu holen.

Das Manager-Support-Team

Eine mögliche Form, Unterstützung und deren Energie zu nutzen, ist das sogenannte Manager-Support-Team. Es dient dazu, sich als Führungskraft ein wenig Bodenhaftung und nötigen Rückhalt zu organisieren.

Was ist das Manager-Support-Team? Sie laden die Menschen ein, von denen Sie annehmen, dass sie Sie bei der Ausübung Ihrer Führungsaufgabe unterstützen können und denen Sie vertrauen. Das kann die neue Personalentwicklerin aus der Personalabteilung sein, der erfahrene Führungskollege, der Ihnen schon häufiger Tipps gegeben hat, der Betriebsrat, mit dem Sie in gutes Verhältnis haben, eine externe Mediatorin, die beratend zur Seite steht ...

Das Manager-Support-Team tagt nicht regelmäßig und ist auch keine feste Einrichtung wie eine Managerkonferenz oder die klassischen Abteilungsleitersitzungen. Es wird fallweise zusammengestellt und beschäftigt sich mit einer konkreten Krise. Dabei unterstützt es Sie als Manager bei Ihrem Führungshandeln in einem schwierigen Thema.

Im konkreten Fall wird Ihr betroffener Mitarbeiter über diese Konferenz informiert, ist aber nicht explizit eingeladen. Er weiß, dass darüber gesprochen wird, wie seine Führungskraft/das Unternehmen mit seinem Thema umgehen will. In das Manager-Support-Team bringt jeder ein, welche Art der Unterstützung er anbieten kann. Die Unterstützung ist selbstverständlich freiwillig und außerhalb der üblichen Eskalationsmechanismen – nur dann hat sie Kraft. Die Erfahrung zeigt, wenn Mitarbeiter wissen, dass Führungskräfte Unterstützung im System haben, wird ihr problematisches Verhalten schnell verringert. Für die Führungskraft gilt: Mit Unterstützer und Unterstützerinnen an der Seite entsteht der benötigte Mut und jene Entschlossenheit, die man für Menschenführung in schwierigen Situationen braucht. Denn man kann aus den Ratschlägen und Tipps, dem emotionalen Rückhalt und auch den Unterstützungsaktivitäten für den Mitarbeiter Kraft schöpfen.

Wenn Sie sich einfach nur mit Ihrem Manager-Support-Team zusammensetzen und miteinander diskutieren, kann durchaus etwas Sinnvolles dabei herauskommen, doch manchmal arten diese Besprechungen eher in »Jammerzirkel« aus. Die typischen Jammerthemen:

- eigene schlechte Erfahrungen mit Mitarbeitern
- fehlende Unterstützung im System
- die Personalabteilung, die nie mitzieht
- der Betriebsrat, der wieder mauern wird
- die eigene Führungskraft, die einem in den Rücken fällt
- auch die Anderen haben es ja nicht geschafft, das Problem in den Griff zu kriegen und jetzt muss ich wieder ran
- und überhaupt ist bei diesem Mitarbeiter Hopfen und Malz verloren!

Natürlich ist es schön, wenn man mal die Gelegenheit hat, Ballast loszuwerden und den eigenen Frust abzuladen. Doch hilft das meist nicht, eine konstruktive Lösung zu entwickeln. Deshalb kann es Sinn machen, die Besprechung zu strukturieren.

Strukturierungshilfe für das Manager-Support-Team

So kann eine Konferenz des Manager-Support-Teams ablaufen:

- Suchen Sie sich in Gesprächen entweder mit Experten oder Ihnen nahestehenden Personen und Kollegen, diejenigen Personen aus, die Sie gerne zum Manager-Support-Team einladen möchten.
- Laden Sie diese zur Konferenz ein und beschreiben Sie kurz den Sachverhalt, bei dem Sie um Unterstützung bitten.
- Begründen Sie kurz, warum Sie genau diese Person um Hilfe bitten! Unterstützer müssen übrigens nicht direkt anwesend sein, Sie können sie auch per Telefon oder Email kontaktieren
- Versammeln Sie dann die Unterstützer bei Ihnen in einem Konferenzraum, gerne um einen runden Tisch.
- Bitten Sie nun einen externen Moderator, die Teilnehmer zu begrüßen und erzählen Sie dann, wobei Sie Hilfe benötigen.
- Der Moderator bittet daraufhin jeden Teilnehmer zu sagen, welche Unterstützung er anbieten kann bzw. welche Ideen es gibt.
- Bleiben Sie immer beim Thema der wechselseitigen Unterstützung. Es geht nicht um juristische Winkelzüge oder langwierige Erklärungsversuche. Schauen Sie positiv nach vorne, bleiben Sie lösungsorientiert und lassen Sie sich nicht beirren.
- Sammeln und ordnen Sie die Unterstützungsvorschläge. Erstellen Sie eine Liste, wie Unterstützung wann greifen kann.
- Machen Sie eine Liste der ersten Schritte und beschließen Sie dann die Konferenz, wobei ein Termin für ein Follow-up vereinbart wird.

Neben der sauberen Strukturierung, die Orientierung und roten Faden ermöglicht, können auch lösungsorientierte Moderationsmethoden helfen, die Diskussion anzuregen und eine Lösung herbei zu führen. Im Methodenkoffer stellen wir Ihnen zwei Werkzeuge vor.

Methodenkoffer für das Manager-Support-Team

»Ab drei Alternativen beginnt die Unendlichkeit.«
(Prof. Julius Kuhl)

Damit das Meeting effizient und zielführend ist, kann man sich lösungsorientierter Methoden aus dem Coaching- und Trainingsumfeld bedienen. Wir haben hier exemplarisch zwei Techniken ausgewählt.

Kollegiale Beratung

Das Instrument der kollegialen Beratung bietet sich vor allem dann an, wenn Sie als verantwortliche Führungskraft emotional stark betroffen sind und Ihnen der innere Abstand fehlt.

Gerade bei Konfliktanalysen ist die Führungskraft oft selbst sehr stark involviert und kann eigene Anteile kaum noch erkennen. Man hat sich mit Gedanken und Ursachenzuschreibung so festgelegt, dass neue Wege nur noch schwer zu beschreiten sind. Hier besteht die Gefahr, das Lösungsvorschläge der Teilnehmer von der betroffenen Führungskraft zu schnell abgelehnt und verworfen werden. Das hier vorgestellte Setting ermöglicht es der Führungskraft, aus der Distanz heraus den Analysen zu folgen und damit die eigenen Perspektiven zu erweitern.

Anleitung:

Das Manager-Support-Team sollte für die Methode nicht zu groß sein. Ideal ist eine Gruppenstärke von vier bis sechs Personen.

Ablauf der Beratung:

- Falldarstellung durch die fallgebende Führungskraft (10 Min.)

  Der Fallgeber bekommt nun die Zeit, das Problem zu schildern und möglichst auch an einem Flipchart o. ä. für alle zu visualisieren. Dabei sollte er sich auf beobachtbares Verhalten beschränken und Vermutungen und Bewertungen unterlassen.

- Fragen der Berater an den Fallgeber zur besseren Erfassung der Situation (10 Min.).

  Wichtig ist, dass die Kollegen das Problem deutlich erkennen. Dementsprechend sind Fragen zu Historie, Abläufen, Beteiligten und Relevanz sinnvoll. Fragen nach möglichen Ursachen oder Lösungsversuchen sollten möglichst unterbleiben.

- (Provozierende) Hypothesenbildung durch die Berater.

  Der Fallgeber setzt sich außerhalb des Kreises, hört nur zu – gibt keine Kommentare! Am besten sitzt der Fallgeber sogar hinter einer Pinnwand o. ä., denn es gibt doch immer wieder nonverbale Signale, die die Gruppe aufnimmt oder sogar forciert. (10 Min.).

- Feedback durch den Fallgeber, der jetzt wieder im Kreis sitzt. (3 Min.).

  Dieser Punkt ist optional und kann ggf. auch entfallen. Durch die Eingrenzung der Hypothesen soll erreicht werden, dass man nicht eine Hypothese verfolgt, die definitiv falsch ist.

- Erarbeiten von Lösungsideen durch die Berater. Der Fallgeber sitzt wieder außerhalb des Kreises und hört zu! (15 Min.).

  Hier werden sicherlich auch Ideen genannt, die bereits ausprobiert wurden oder in der Umsetzung nicht möglich sind. Das macht nichts. Hier zählt der Brainstorming-Gedanke. Letztendlich geht es nicht darum, eine konkrete Empfehlung auszusprechen, sondern mehr als Ideeninkubator zu arbeiten und dadurch den Blick für neue Lösungswege zu öffnen.

- Wertung der Lösungsideen durch den Fallgeber, der nun wieder im Kreis sitzt, Auswahl von Gesprächsideen (10 Min.).

  Es kann sein, dass der Fallgeber klare Handlungsfavoriten hat oder sich mit keiner Idee wirklich anfreunden kann. Da ist es nicht unbedingt sinnvoll, direkt eine Entscheidung zu treffen. Auch hier gilt die Regel: Man soll das Eisen schmieden, wenn es kalt ist. Lieber also mal eine Nacht drüber schlafen und zeitnah ein weiteres Meeting anberaumen, um dann gemeinsam darüber zu sprechen, wie man nun weitergehen möchte und was das Manager-Support-Team aktiv beitragen kann.

Ziel:

Durch die erzwungene Passivität in der Diskussion gewinnt man inneren Abstand. Durch das Zuhören bekommt man interessante Einblicke in die Erfahrungswelten der Anderen, wechselt die Perspektiven und erkennt eigene »blinde Flecken«.

Tipp:

Wichtig ist hier ein strenges Zeitmanagement! Auch sollte darauf geachtet werden, dass nicht der Fallgeber selbst moderiert, sondern jemand aus dem Kreis.

Wunderrad

Manchmal hängt man zwischen zwei unattraktiven Alternativen fest und hat die Wahl zwischen Skylla und Charybdis. Da hilft es, den Blick zu weiten und neue Perspektiven zu gewinnen. Ansonsten besteht die Gefahr, aus »Alternativlosigkeit« mit Tunnelblick und Brechstange zu agieren. Doch ab drei Alternativen beginnt die Unendlichkeit! Gemeinsam haben Kuhl & Storch das Werkzeug des »Wunderrads« entwickelt, um die Entdeckung von Alternativen und Lösungsmöglichkeiten zu forcieren.

Anleitung:

Das Wunderrad ist eigentlich eine spielerische Technik, um den Blick für neue Möglichkeiten zu weiten. Manchmal scheint ein Handlungsfaden alternativlos zu sein. Doch die Alternativlosigkeit ist nur scheinbar.

Und so funktioniert das Wunderrad:

- Sie visualisieren das Wunderrad an einem Flipchart.

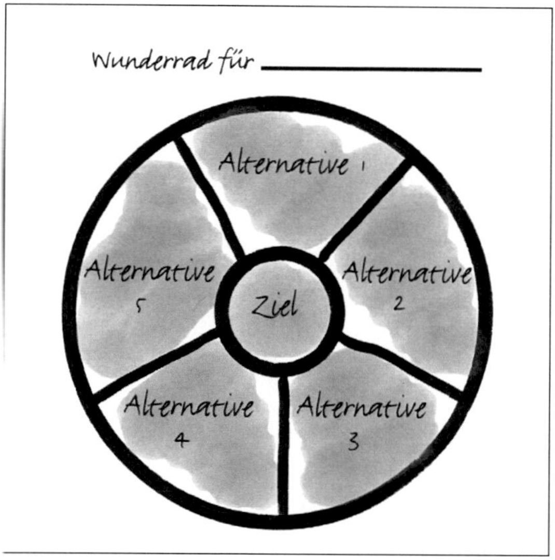

- In der Mitte stellen Sie die Kernfrage: Was ist Ihr Ziel?

  Da wird es gleich zu Beginn spannend: Was ist denn eigentlich Ihr Ziel? Manchmal weiß man recht präzise, was einen stört, doch was man stattdessen möchte, ist sehr viel schwieriger zu formulieren.

  Benennen Sie ein »Annäherungsziel«. Annäherungsziele sind Ziele, die man aktiv anstreben kann, die Energien bündeln und Erfolgserlebnisse ermöglichen. Manche Menschen haben eher Vermeidungsziele: sich nicht blamieren, weniger Stress, bloß nicht auffallen, keinem zu nahe treten. Doch solche Ziele sind schwierig, denn faktisch sind sie nie zu erreichen. Man muss sich immer vorsehen, aufpassen – denn die Gefahr der Blamage, des Stress, des Konfliktes lauert ja an jeder Ecke. Also gilt es, wachsam zu sein, damit bloß nichts passiert. Mit solchen Vermeidungszielen verbrennt man viel Energie, ohne jemals das Ziel sicher erreichen und abhaken zu können. Kein Erfolgserlebnis, keine Freude.

  Also gehört ins Wunderrad ein schönes, motivierendes Annäherungsziel, für das sich der Aufwand lohnt.

- Sie sammeln in den Feldern Ideen, wie Sie das Ziel erreichen können. Durch die Anzahl der Felder entsteht das Bedürfnis, diese auch zu füllen.

  Beim Wunderrad zählt der Gedanke des Brainstormings: keine Bewertung, kein innerer Kritiker, auch quere Ideen sind erlaubt. Zunächst einmal ist Quantität gefragt, denn wenn erst einmal der Knoten im Gehirn gelöst ist, kommen automatisch neue Ideen. Man spürt es selbst schnell: Ab drei Alternativen beginnt tatsächlich die Unendlichkeit. Da ist es dann erlaubt, durchaus noch einige Felder im Wunderrad zu ergänzen, um die ganze Vielfalt der möglichen Alternativen zu visualisieren.

Ziel:

Durch die Vielfalt möglicher Lösungswege verschwindet der Tunnelblick und man öffnet sich für alternative Lösungsmöglichkeiten. Der Blick auf das gefüllte Rad tut gut. Man spürt Selbstwirksamkeit und Gestaltungsräume. Schon die Zielklärung wird als entlastend erlebt. Durch die Diskussion gewinnt man an innerer Klarheit.

Tipp:

Das Wunderrad kann gut im Team entwickelt werden, ist aber auch für die Selbstreflexion gut geeignet. Nicht zuletzt kann man es prima einsetzen, um den Mitarbeiter dabei zu unterstützen, seine eigenen Handlungsoptionen bewusst zu entwickeln.

Das Beispiel – die Fortsetzung

Herr Lau ist wütend und bedrückt. In den letzten Wochen hat er sich mehr oder weniger die Beine ausgerissen, um über all die Stöckchen zu springen, die ihm die Kundin hingehalten hat. Er hat am Wochenende gearbeitet und Überstunden gemacht, denn er wollte zeigen, was er kann. Doch dass ihm Frau Hansen so in den Rücken fällt, hätte er nie gedacht. Sie hatte ihm einfach die Aufgabe entzogen und ihm noch nicht mal die Gelegenheit gegeben, sich zu rechtfertigen. Abgebügelt hatte sie ihn und einfach den Job an sich gezogen. Da sollte sie mal ganz schön sehen, was sie sich da eingehandelt hat. Er würde sie am ausgestreckten Arm verhungern lassen. Ihm platzte bald der Kopf. Mit Sicherheit war sein Blutdruck wieder viel zu hoch. Er würde sich krankschreiben lassen. Danach würde er sich in Ruhe überlegen, wie er weitermachte. Das war mit Sicherheit die letzte Projektleitung, die er übernommen hatte. Ja, er hatte sie gewollt und war sich sicher, dass es hätte klappen können mit der nötigen Unterstützung von Frau Hansen, doch die war ja nie greifbar gewesen. So nicht!

In der Agentur: Frau Hansen bereitet eine Abmahnung vor. Sie soll Herrn Lau per Einschreiben zugestellt werden.

Sie sehen, es fehlt nicht viel, um aus engagierten und motivierten Mitarbeitern sogenannte Low- oder Non-Performer zu machen. Die meisten Mitarbeiter haben eine ähnliche Geschichte von Abwertung, Demotivation und Resignation. Zwar sind die ursprünglichen Verletzungen oft schon abgeheilt und die Verursacher längst nicht mehr im Unternehmen, aber die Nachwirkungen der Verletzungen sind immer noch spürbar.

Dabei kann man getrost davon ausgehen, dass kaum eine Führungskraft bewusst einen solchen Prozess von Frustration und Erniedrigung in Gang setzt. Hier haben in der Regel Eskalationen von beiden Seiten stattgefunden.

Eine Unterstützungsstruktur wie ein Management Support-Team oder auch einfach eine kollegiale Beratung oder die Entwicklung eines Wunderrads durch einen Führungskollegen kann helfen, das eigene Verhalten zu reflektieren und alternative Deutungsmuster und Handlungswege zu entdecken.

Frau Hansen entschließt sich, mit Unterstützung zweier Netzwerkkollegen ein Wunderrad zu erarbeiten. Bereits die Zielfindung stellt sie vor Herausforderungen. Will Sie Herrn Lau tatsächlich verlieren? Natürlich hat sie sich sehr geärgert, aber in der Vergangenheit war er doch ein engagierter und zuverlässiger Mitarbeiter gewesen. Auf der anderen Seite hat sie sich schon umgehört und die Bewerbungsunterlagen einer talentierten Nachwuchskraft auf dem Schreibtisch liegen. Doch eigentlich würde sie lieber Herrn Lau eine Chance geben, denn so ganz unbeteiligt an der Misere ist sie schließlich auch nicht. Sie hätte sich viel früher kümmern müssen.

So steht also nach einigen Überlegungen im Zielfeld: Motivation und Qualifikation von Herrn Lau stärken.

Damit ist schon klar, dass einige bisher angedachte »Lösungen« wie die Abmahnung wenig zielführend sind und im Wunderrad keinen Platz haben. Stattdessen sucht man nun im Team nach geeigneten Maßnahmen.

Und so sieht das Wunderrad von Frau Hansen aus:

Frau Hansen erkennt, dass es hier gleich mehrere Ansatzpunkte gibt, die sie verfolgen kann. Im nächsten Step will sie nun mit Herrn Lau das Projekt gemeinsam reflektieren und ein Entwicklungsgespräch führen. Danach kann man weiter sehen ...

1.7 Präsenz und wachsame Sorge aufbauen

»Wenige Dinge auf Erden
sind lästiger als die stumme Mahnung,
die von einem guten Beispiel ausgeht.«
(Mark Twain)

Präsenz spürt man. Das wohl Entscheidenste für Stärke und Souveränität in der Führung ist, dass Führungskräfte für ihre Mitarbeiter spürbar und »nicht nur im symbolischen Sinne« greifbar sind.

»Ich bin deine Führungskraft.« – »Ich bin da, bereit zur Kommunikation, zum Dialog.« – »Ich handele nicht gegen dich, sondern für dich!« – »Ich bin bereit zur konstruktiven Auseinandersetzung.« »Sie können sich darauf verlassen, das Unternehmen schätzt Sie, ich als Ihre Führungskraft schätze Sie, Sie finden hier Platz und Rückhalt.«

Präsenz bedeutet, ich bin ein aktiver Teil im Leben meines Mitarbeiters. Ich weiß über die wichtigen Ereignisse und Dinge im Leben meiner Mitarbeiter Bescheid, kenne seinen Werdegang im Unternehmen, seine Kompetenzen und Aufgaben und soweit es ihm genehm ist, auch seine private Situation.

Präsenz entsteht zuerst im Kopf der Führungskraft, dann im Kopf des Mitarbeiters. Präsenz ist also eine Frage der Haltung. Präsenz bedeutet für Menschen, dass sie ein Gefühl der Selbstwirksamkeit entwickeln: sie sind davon überzeugt, dass ihre Handlungen und ihr Dasein etwas bewegen und bewirken können. Damit haben wir den Schlüssel zu intrinsischer Motivation – der Motivation, die von innen und aus der Arbeit heraus kommt – in unseren Händen.

Der amerikanische Psychologe Albert Bandura (1977) nennt dies »Selbsteffizienz«. Wer als Führungskraft selbstwirksam ist, glaubt auch daran, dass ihre Mitarbeiter sie schätzen und an einer positiven Arbeitsbeziehung interessiert sind. Die Führungskraft ist davon überzeugt, dass klares und konsequentes Führungshandeln beziehungsfördernd und nicht beziehungstötend ist.

Präsenz im Kopf bedeutet außerdem, dass man seinen Mitarbeitern klare Botschaften zumuten kann und ihnen zutraut, dass sie konstruktiv damit umgehen können. Klare Präsenz ist damit immer eine Aufwertung des Mitarbeiters. Sie begegnen sich auf Augenhöhe!

Präsenz beginnt im Kopf

Präsent sein bedeutet da sein. Ob Sie da sind oder nicht entscheiden Sie in Ihrem Kopf. Präsenz im Kopf bedeutet einmal, dass Sie daran glauben, etwas bewirken zu können. Zum zweiten bedeutet es, dass Sie daran glauben, geschätzt zu werden. Und zum dritten können Sie dann dem anderen auch etwas zumuten. Ihre Präsenz spiegelt sich dann in den Köpfen Ihrer Mitarbeiter wieder.

Präsenz kennt üblicherweise vier Formen:

1. Körperliche Präsenz

Sie sind als Ganzes für Ihre Mitarbeiter da. Dies muss nicht an allen Tagen und zu jeder Stunde der Fall sein. Doch Führung auf Distanz stößt hier schnell an Grenzen.

Bewusste Auseinandersetzung mit dem Mitarbeiter bedeutet, sich auch körperlich zuzuwenden. Durch die Erhöhung Ihrer Präsenz – Sie wenden sich zu, Sie gehen auf ihn zu, reichen ihm die Hand, setzen sich zu ihm – machen Sie deutlich, dass Sie jetzt ganz da sind, weil Ihnen die vorliegende Situation wichtig ist. Es ist ein großer Unterschied, ob man eine Mail schickt, telefoniert oder mal eben quer durchs Büro ruft, dass etwas passieren soll, oder ob man sich bewusst neben seinen Mitarbeiter stellt und diese Aufforderung ausspricht.

Wenn Ihre Mitarbeiter an unterschiedlichen Standorten verteilt sind oder im Homeoffice arbeiten, ist es umso nötiger, bewusst Präsenz zu zeigen. Nehmen Sie sich regelmäßig Zeit für eine persönliche Begegnung. Das kann ein »Jour fixe« sein, eine regelmäßige Teambesprechung, bei der Sie die Zeit für informelle Begegnungen einplanen. Und ab und zu ein Gespräch! Es muss nicht immer das offizielle Mitarbeitergespräch sein, aber sich die Zeit für einen Austausch zu nehmen, signalisiert dem Mitarbeiter: »Du bist mir wichtig. Ich interessiere mich für das, was du tust.«

2. Sozial-emotionale Präsenz

Sozial-emotionale Präsenz bedeutet, in entscheidenden Fragen da zu sein und mindestens einmal am Tag das Gefühl von Wertschätzung und Sicherheit zu vermitteln: Ich bin für dich da. Ich halte dir den Rücken frei. Ich begleite und fördere dich. Auf mich kannst du zählen.

Diese Wertschätzung muss man aber auch spüren, um sie zeigen zu können. Wer den Fokus nur auf Fehler setzt, eher Defiziten als Potenzialen auf der Spur ist und die Problemlösung darin sieht, den Schuldigen zu identifizieren, wird sich mit sozial-emotionaler Präsenz schwer tun. Reflektieren Sie also Ihre innere Haltung: Sehen Sie sich als Unterstützer Ihrer Mitarbeiter oder doch eher als Verwalter und Kontrolleur? Dann verändern Sie Ihren Fokus. Wer nur auf Elend achtet, sieht auch nur Elend. Fokussieren Sie stattdessen das Positive.

3. Präsenz im Verhalten

Machen Sie sich klar: Als Führungskraft sind Sie Vorbild. Achten Sie also bei Ihrem Verhalten darauf, dass sich Ihre Mitarbeiter daran orientieren. Hier sind Achtsamkeit und Sorgfalt notwendig. Was Sie tun, wird wahrgenommen und interpretiert.

Manchmal fragen uns Führungskräfte in unseren Seminaren, wie sie ihre Mitarbeiter motivieren können – die Situation sei schwierig, die Arbeit hart und eigentlich auch eher unerfreulich und in der Zukunft dräut Ungemach, und doch sollen alle möglichst freudig ihre Arbeit machen. Die Ratlosigkeit und Resignation ist manchmal mit Händen zu greifen. Hier gibt es keine Zauberformeln für Mitarbeitermotivation. Das Geheimnis liegt in der Motivation der Führungskraft selbst. Eine demotivierte Führungskraft steckt andere ebenso an wie eine motivierte. Bevor Sie also Ihre Kraft hinein legen, Ihre Mitarbeiter zu motivieren, sorgen Sie für sich und Ihre eigene Motivation. Die Fähigkeit zur Selbstmotivierung auch in schwierigen Situationen und nach Misserfolgen ist eine trainierbare Selbststeuerungsfähigkeit: Verbinden Sie Ihre Arbeit mit Ihren eigenen Bedürfnissen und Motiven, erfreuen Sie sich an kleinen Erfolgen und wichtigen Schritten, begegnen Sie Rückschritten mit Freude, sind es doch wichtige Lernchancen. Machen Sie sich immer wieder den Sinn Ihres Tuns klar.

4. Kollegiale Präsenz

Sie haben ein Netzwerk von Freunden, Kollegen und Unterstützern, auf das Sie sich verlassen können, um Ihre Arbeit als Führungskraft gut zu meistern. Wachsen Sie an und in diesem Netzwerk.

Eine Weisheit im Umfeld von Führung lautet: Führung macht einsam! Plötzlich ist man allein auf weiter Flur. Es verbietet sich selbstverständlich, eigene oder Führungsprobleme mit Mitarbeitern zu diskutieren und auch nach oben sollte man sich keine Blöße geben. Mit nach Hause nehmen sollte man die Arbeit auch nicht, um die eigene Worklife-Balance nicht zu gefährden.

Doch Führung muss nicht zwangsläufig einsam sein. Wir haben schon von Unterstützern gesprochen, vom Manager-Support-Team. Seien Sie auch hier aktiver Teil und bringen Sie sich ein. Bauen Sie sich ein Netzwerk auf, in dem Sie sich wohl und sicher fühlen und suchen Sie dabei auch Netzwerkpartner, die Sie herausfordern und an denen Sie sich reiben können. So fördern Sie Ihre Fähigkeit zum Perspektivenwechsel und zur Selbstreflexion.

Pflegen Sie das Netzwerk. Beliebt ist der regelmäßige Business Lunch mit festen Terminen, die After-Work-Party, bei der man sich begegnet oder auch feste Netzwerktreffen. Tragen Sie aktiv dazu bei, diese Netzwerkkultur zu pflegen und zu beleben, denn ein Netzwerk erhält sich durch Austausch.

Formen der Präsenz im Unternehmen:

- Da-sein am Morgen, die Mitarbeiter mit Namen begrüßen, ein freundliches Wort
- Da-sein, wenn etwas schief läuft und man Ihre Hilfe braucht
- Da-sein, oft schweigend und Ruhe ausstrahlend, wenn es im Team knistert und Konflikte entstehen
- Da-sein im Verhalten. So wie Sie mit Regeln, Aggression und Konflikten umgehen, so werden es Ihre Mitarbeiter tun
- Da-sein bei festlichen Anlässen wie Geburtstagen, Jubiläen
- Da-sein im Rahmen festgelegter Führungsrituale (»Morgenandacht«, Entwicklungsgespräche, Jour-fixe ...)
- Da-sein im privaten Alltag über unterstützende Vernetzung (z. B. bei Krisen, Krankheit) mit Partnern und Unterstützern
- Da-sein durch Ziele, Regeln und Standards, die Verlässlichkeit und Orientierung bieten

Präsenz muss nicht immer persönlich erfolgen. Sie verbreiten aber die »Aura«, dass Sie da sind. So kommt Präsenz in die Köpfe der Mitarbeiter.

Wachsame Sorge

Die praktische, handelnde Seite der Präsenz ist die sogenannte Wachsame Sorge. Wachsame Sorge ist uns Menschen gemeinhin eingepflanzt. Wir sind mit einem System ausgestattet, das uns hellhörig und zu anderen positiv zugewandt sein lässt, wenn diese in Not sind. Dies wurde neurowissenschaftlich bei der Entdeckung der Spiegelneuronen (Kohler et.al., 2002) bewiesen. Wachsame Sorge meint, dass wir wach und hellhörig werden, wenn wir Notsignale eines anderen Menschen hören. Als Führungskraft lernen wir, diese Wachsamkeit ganz besonders auf unsere Mitarbeiter zu richten. Wachsame Sorge richtet die Aufmerksamkeit auf den Anderen, ist bereit zu handeln und greift ein, wenn es das Wohl und die Sicherheit des anderen erfordert. Wachsame Sorge ist somit der Teil der Führung, in dem wir unsere Personalverantwortung praktisch leben.

Gängigerweise können wir drei Arten Wachsamer Sorge unterscheiden:

1. **Wachsame Sorge in Form von breiter Aufmerksamkeit:** Wir haben unsere Mitarbeiter sozusagen im weiteren Blickfeld. Dieser Bereich wird gerne auch Fürsorgepflicht genannt. Die Mitarbeiter spüren diese Aufmerksamkeit und vertrauen uns. Alles läuft. Ein paar kollegial ausgesprochene Worte oder nur ein Blickkontakt genügen, um den harmonischen weiteren Ablauf wieder herzustellen

2. **Wachsame Sorge als fokussierte Aufmerksamkeit:** Spüren, sehen und bemerken wir, dass Handlungen geschehen, die einzelne Mitarbeiter oder auch das Unternehmen potentiell schädigen können, wie etwa Fahrlässigkeit im Umgang mit Betriebsmitteln oder Arbeitsschutzvorschriften, fokussieren wir unsere Aufmerksamkeit. Nachdem wir positiven Kontakt hergestellt haben, fragen wir, was los ist, Wir interessieren uns, maßregeln aber nicht. Bei aufkeimenden Schwierigkeiten und Problemen genügt dies in den meisten Fällen.

3. **Wachsame Sorge als einseitige Maßnahme von Führungskräften in ihrer Führungsverantwortung:** Genügen weite und fokussierte Aufmerksamkeit nicht, um schädigenden Verhaltensweisen des Mitarbeiters zu begegnen, sind einseitige Schritte notwendig. Das sind Schritte, bei denen Führungskräfte selbstkontrolliert handeln, Öffentlichkeit herstellen, klare Botschaften aussprechen, und diese nicht nur aussprechen, sondern auch entsprechende Maßnahmen ergreifen. Einseitige Schritte sollten immer in Verbindung mit den

problematischen Handlungen stehen. Sie sind außerdem ein deeskalierender Schritt. Dies gelingt dann, wenn sie ruhig in den Raum gestellt werden und mit sparsamen Worten erklärt werden. Lassen Sie sich nicht auf weitere Diskussionen ein. Die Botschaft lautet: »Das ist meine Pflicht. Sie werden eine Idee haben, wie wir diese Herausforderung oder dieses Problem lösen«. Dies spielt die Verantwortung für die Problemlösung dorthin, wo sie hingehört: zum Mitarbeiter. »Du wirst eine Lösung finden« – das fördert Kommunikation und sehr oft auch Kreativität.

Wichtig bei einseitigen Maßnahmen ist auch, Sie allein entscheiden, wann und wo sie diese wie setzen. Sie treffen Ihre Entscheidung und sind nicht vom Einverständnis des Gegenübers abhängig. Sie setzen Sie, weil dies Ihre Pflicht ist.

Mögliche einseitige Maßnahmen im Rahmen der wachsamen Sorge:

- Öffentlichkeit herstellen
- Das Team informieren
- Übergeordnete Instanzen, z. B. die Personalabteilung um Hilfe bitten
- Kritikgespräch führen
- Befristete Versetzung zu einem anderen Aufgabengebiet
- Enge Führung und Kontrolle für die nächsten Wochen
- Personalentwicklung forcieren, z. B. durch Anleitungen, Seminare etc.
- Arbeitstagebuch führen lassen
- eine Abmahnung anstoßen

Natürlich geht es jetzt nicht darum, diesen Maßnahmen-Katalog komplett durchzuexerzieren. Finden Sie selbst Ihre einseitigen Maßnahmen, die am besten zu Ihrer Situation und zum Mitarbeiter passen. Manchmal hilft vielleicht schon ein deutlicher Hinweis auf den festgestellten Missstand, manchmal muss es ein Kritikgespräch sein und im wiederholten Fall sollten Sie auch die Abmahnung oder eine Versetzung nicht scheuen. Sie setzen diese Maßnahmen und müssen sich dafür nicht rechtfertigen. Fragen Sie Ihr Gegenüber, wie er gedenkt, die Situation zu lösen.

Achten Sie aber darauf, keine Maßnahme anzustoßen, die Sie als Führungskraft selbst nicht durchsetzen können – mit einer mehrfachen Androhung einer Abmahnung ohne tatsächliche Konsequenz demontieren Sie Ihre eigene Autorität.

Das Beispiel von Herrn Lau

Schauen wir noch einmal auf unser Beispiel. Herr Lau hätte fast eine Abmahnung bekommen. Damit hätte Frau Hansen gleich eines der schweren Geschütze aufgefahren. Danach bleibt nicht mehr viel übrig. Denn nun greifen möglicherweise die anderen Maßnahmen nicht mehr, die auf Entwicklung und Wachstum gerichtet sind. Mitarbeiter in Angst um ihren Arbeitsplatz – in der Regel verbunden mit massiver Existenzangst – reagieren häufig mit Rückzug, Unsicherheit und Stress, eventuell sogar Panik. Wenn jeder weitere Fehler zur Kündigung führen kann, ist das Handlungszentrum emotional blockiert.

Doch statt der Abmahnung hat sich Frau Hansen für das Manager-SupportTeam entschieden und mit den Kollegen gemeinsam das Wunderrad erarbeitet. Wir empfehlen Frau Hansen nach dem geplanten Entwicklungsgespräch die enge Führung und Auseinandersetzung in den nächsten Wochen, um sich ein Bild von den Fähigkeiten und Kompetenzen des Herrn Lau zu machen. Auch ein Arbeitstagebuch kann hilfreich sein, hier in Form von Projekt- und Statusberichten, Meilensteinen etc., die Herr Lau liefert. So kann eine Qualifizierung erfolgen oder ggf. auch eine Versetzung. Selbstverständlich erhält Herr Lau systematisch Rückmeldung über den Erkenntnisgewinn und hat die Möglichkeit, aktiv an seiner Weiterentwicklung zu arbeiten. Darüber hinaus bekommt er den Raum, Probleme im Kundenkontakt (die möglicherweise von ihm nicht beeinflussbar sind, seine Arbeit aber massiv beeinflussen können) zu besprechen, so dass man gemeinsam einen Prozess erarbeiten kann, wie man zukünftig in solchen Fällen vorgehen will.

Selbstreflexion: Wie zeigen Sie Präsenz?

Körperlich:

____

____

____

____

Sozial-emotional:

____

____

____

____

Im Verhalten:

____

____

____

____

Kollegial:

____

____

____

____

Überlegen Sie sich, wo Sie sich gut aufgestellt fühlen und wo möglicherweise nach mehr möglich wäre. Nehmen Sie Ihre Präsenz auch bewusst wahr und reflektieren Sie die Wirkung auf Ihr Umfeld.

Sprechen Sie auch mit Ihren Mitarbeitern, wie die Sie wahrnehmen und was sie sich möglicherweise mehr, weniger oder anders wünschen. Entscheiden Sie immer selbst über die Art Ihrer Präsenz.

1.8 Gewaltloser Widerstand

»Ich glaube an die Gewaltlosigkeit
als einziges Heilmittel.«
(Mahatma Gandhi)

»Gewaltloser Widerstand bedeutet nicht Nichtstun. Er bedeutet, die ungeheure Kraftanstrengung zu unternehmen, die nötig ist, um das Böse mit dem Guten zu besiegen. Diese Kraftanstrengung baut nicht auf starke Muskeln und teuflische Waffen. Sie baut auf moralische Tapferkeit, auf Selbstbeherrschung und auf das unvergessliche, zähe Bewusstsein, dass es auf Erden keinen Menschen gibt – so brutal, so persönlich feindselig er auch sei – ohne angeborenes Fundament von Güte, ohne Liebe zur Gerechtigkeit, ohne Achtung vor dem Wahren und Guten, all dies ist für jeden erreichbar, der die geeigneten Mittel verwendet.« (Aldous Huxley)

Warum Strafen oft nicht wirken

Es gibt ein Konzept, das so alt ist wie Führung selbst, um unerwünschtes Verhalten in den Griff zu bekommen: Es ist das Konzept der Strafe. Verhält sich ein Mitarbeiter auf unerwünschte Art, folgt eine »Bestrafung«. Eine typische Form der Strafe wäre beispielsweise, dass jemand, der in Teammeetings regelmäßig »rumstänkert«, zukünftig von den Sitzungen ausgeschlossen wird. Oder ein Mitarbeiter, der sich nicht an die Regeln hält, bekommt die Leistungszulage gestrichen. Ohne Zweifel sind Strafen manchmal durchaus wirksam. Der Hintergedanke dabei ist, dass sie eine Vermeidungsreaktion auslösen und so das unerwünschte Verhalten unterbleibt. Immer häufiger geraten solche Strafen jedoch in die Kritik: Strafen wären zwar wirksam, unterbänden aber nicht das unerwünschte Verhalten und tragen auch nicht dazu bei, erwünschtes Verhalten zu formen. Was erreicht wird, ist ein Vermeidungsverhalten – man lässt sich möglichst nicht erwischen. Oder man strebt eine Belohnung an, ohne jedoch den echten Sinn hinter der Maßnahme zu erkennen. Strafe trägt zudem den Keim der Eskalation in sich, da von einem hohen Autoritätsgefälle und von der Annahme, dass Mitarbeiter grundsätzlich kontrollier- und steuerbar seien, ausgegangen wird. Wer lange genug Führungsverantwortung hat, weiß, dass das nicht stimmt.

Hart in der Sache, weich zum Menschen

Es gibt nun eine Alternative zum Konzept der Strafe bei unerwünschtem Verhalten: das Konzept des Widerstands der Führungskraft bzw. der Organisation. Das Konzept des Widerstandes geht zuerst davon aus, dass jeder Mensch im eigentlichen Sinn unkontrollierbar ist und dass Versuche, sein Verhalten zu kontrollieren, fast unweigerlich in Eskalationen oder vermehrt auftretendem unerwünschten Verhalten mündet. Wenn Führungskräfte Widerstand leisten, widersetzen sie sich nicht der Person, sondern dem Verhalten. Sie leisten der Tyrannei, die von diesem unerwünschten Verhalten ausgeht, gegenüber Widerstand. Sie treten mit diesem Widerstand dem Verhalten des Mitarbeiters ganz klar entgegen. Dies geschieht bei aufrecht gehaltener, wertschätzender Beziehung. Diese Haltung ist aus dem Harvard-Prinzip erfolgreicher Verhandlungen bekannt, wenn es darum geht, win-win-Situationen zu erzielen: »Hart in der Sache, doch weich zu dem Menschen!« Hier könnte man auch sagen: Klar in der Sache bei offenem Herzen.

Die Widerstandsformel in dieser Beziehung lautet: »Ich bin deine Führungskraft. Ich bin für dich da und schätze dich. Dein Verhalten macht uns gerade große Sorgen. So kann das nicht weitergehen. Wir werden uns widersetzen. Es ist deine Entscheidung, ob du dieses Verhalten beibehalten willst, aber ich werde dagegenhalten und mir Unterstützung holen.«

Widerstand zwingt und nötigt nicht, ist aber klar, deutlich, unmissverständlich und beharrlich in seiner Botschaft. Widerstand findet nicht hinter verschlossenen Türen statt, sondern ist öffentlich und knüpft somit an den Gedanken der Transparenz an.

Das Entscheidende am Widerstand ist die beharrlich dargebrachte Botschaft. Widerstand bezieht das Gegenüber als Mensch mit ein. Widerstand ist nicht immer angenehm, ist aber getragen von einem respektvollen, wertschätzenden Miteinander. So ist Widerstand das konstruktive Paradoxon, das weiterführende und klärende Handlungen, Aktionen und Gespräche ermöglicht.

Der Widerstand zeigt auch die Konsequenz der Führungskraft. Die Dinge nicht mehr beim Namen zu nennen, Fehlverhalten schlichtweg zu ignorieren, demonstriert ebenso Machtlosigkeit wie Resignation. Die Beziehungsbotschaft für den Mitarbeiter lautet hier: »Es ist mir letztendlich egal, was du machst.« Doch spürt der Mitarbeiter nicht die Auswirkungen seines Handelns, wird es in der Regel eher schlimmer. Denn im Endeffekt geht es doch oft um Aufmerksamkeit, um spürbare Selbstwirksamkeit. Durch aktiven Widerstand zeigen Sie auf, dass Sie einerseits den Mitarbeiter und sein Verhalten wahrnehmen und das Sie andererseits konsequent, klar und wertschätzend die Ziele der Abteilung, des Unternehmens verfolgen und erwarten, dass der Mitarbeiter dazu beiträgt, diese zu erfüllen.

Widerstand hat viele Gesichter. Es beginnt damit, dass Führungskräfte bei unerwünschten Verhaltensweisen ihrer Mitarbeiter nicht sofort loslegen, sondern ihre – oft eher emotionale – Reaktion verzögern und klare Botschaften aussprechen. Brüllen Sie also nicht sofort los, möglicherweise sogar noch vor der versammelten Mannschaft, sondern bitten Sie den Mitarbeiter zum Gespräch – nicht sofort, sondern zum Beispiel heute Nachmittag um 15 Uhr. Das verschafft Ihnen Zeit, den ersten Gefühlsansturm zu bändigen und sich das Gesprächsziel klar zu machen. Dem Mitarbeiter verschafft es die Zeit, über sein Verhalten nachzudenken.

Widerstand beginnt bei der Organisation von Unterstützern, die der Führungskraft helfen, ihre Aufgabe gut zu machen. Widerstand bedeutet wechselseitigen Austausch von Informationen und das Herstellen von Informationsketten, um handlungsfähig und präsent zu sein. Somit sind Sie darüber informiert, was Ihr Mitarbeiter tut, wie er seine Arbeit erledigt und sich verhält, und Sie können so innerhalb kürzester Zeit autonom Kontakt mit Ihrem Mitarbeiter aufnehmen. In diese Informationsketten sind Teammitglieder und Kollegen gut integrierbar und es ist überraschenderweise kein Verrat, kein Petzen, denn die Integration des Mitarbeiters ist oberstes Ziel. Widerstand bedeutet auch, dass Sie einer Sache nachgehen, wenn es erforderlich ist.

Exkurs: Von Anerkennung und Kritik

Manche Führungskräfte setzen auf Lob statt auf Strafe. Man lobt die Verhaltensweisen des Mitarbeiters, die man verstärken möchte und ignoriert die, die man gelöscht sehen will. Grundsätzlich ist es immer eine gute Idee, Gelungenes anzuerkennen und Geleistetes zu würdigen, keine Frage.

Doch funktioniert strategisch eingesetztes Lob? Eher nicht. Auch wenn diese Form der Konditionierung in Lernexperimenten durchaus Erfolge zeitigt, sollte man sich möglicher Neben- und Wechselwirkungen bewusst sein. Wenn Sie als Führungskraft Missstände ignorieren und sich ausschließlich auf Positives ausrichten, verhindern Sie möglicherweise Lernprozesse und Entwicklung. Um zu lernen benötigen wir ein gewisses Maß an Inkonsistenzspannung (Grawe, 2002): Der Mensch muss also erfahren, dass sein Verhalten nicht unbedingt zielführend ist. Erst dann probiert er Neues aus. Hat er diese Einsicht nicht, wird er auch nichts ändern. Zusätzliche Verstärkung in anderen Feldern führt so möglicherweise eher zur Selbstüberschätzung: Ich kann ja alles.

Manchmal wird es mit dem Lob als Motivationsfaktor noch merkwürdiger! Statt mit Low-Performer zu sprechen, werden die High Performer öffentlich gelobt: der Mitarbeiter des Monats, Top of the year, Umsatz-Sieger. Da gibt es öffentliche Huldigungen, Urkunden, Belohnungen. Doch oft sind die Kollateralschäden erheblich. Denn das öffentliche Lob des Einen führt öfter auch zur Demotivation der Anderen, die sich auch anstrengen und gute Arbeit machen, aber möglicherweise nicht so im Rampenlicht stehen. Manchmal sind die Zeremonien so gekünstelt, dass es den Geehrten eher peinlich ist, ins Rampenlicht gestellt zu werden. Wenn es ganz dumm kommt, erntet man im Nachgang auch noch die Häme der Kollegen: »Na, zeig mal das Fleißkärtchen. Brav!«. Da kann es passieren, dass beim ungelobten Mitarbeiter nicht die Botschaft ankommt: Streng dich an!, sondern eher: »Bloß nicht auffallen!«

Also lieber gar nicht loben? Doch, auf jeden Fall. Wir brauchen positive Botschaften für unser Wohlbefinden. Die ehrliche und aufrichtige Anerkennung, von einer Führungskraft ausgesprochen, motiviert, weil sie uns wieder deutlich macht, dass das, was wir tun, wichtig ist und gewürdigt wird. Wir werden gewürdigt. Das tut gut! Leider werden positive Nachrichten von unserem Gehirn weniger stark verarbeitet wie negative Nachrichten. In der Positiven Psychologie wird die Positivity-Ratio (Fredrickson & Losada 2005, siehe dazu auch S. 123) genannt. Hier geht es um ein gutes Verhältnis von guten zu schlechten Nachrichten. Auf eine negative Botschaft braucht es mindestens drei gute Nachrichten, um uns in ein emotionales Gleichgewicht zu bringen. Deshalb reicht die oft zitierte Regel »Nicht geschimpft ist gelobt genug!« definitiv nicht aus, um Mitarbeiter bei der Stange zu halten.

Aber bitte kein Lob aus strategischen Gründen. Wenn es etwas zu würdigen gibt, dann tun Sie das. Und wenn es Missstände gibt, benennen Sie diese freundlich und klar! Das ist eine Frage des Respekts und der Wertschätzung. Die meisten Menschen können Kritik gut vertragen, wenn sie konstruktiv und offen ist, lösungs- und zukunftsorientiert. Was es nicht braucht, ist die berühmte »Sandwich-Methode«: erst ein Lob, dann die Kritik und dann wieder ein Lob. Was eigentlich gut gemeint ist, geht oft nach hinten los, weil auch diese Form der strategischen Kritik zur Verärgerung führt. Seien Sie wertschätzend und konstruktiv, lassen Sie sich auf das Gegenüber ein und beteiligen Sie den Mitarbeiter aktiv an der Lösung. Das Ziel ist Lernen, nicht Erziehung!

Die Ankündigung

Die Ankündigung ist die erste Form des Widerstands. Bei dieser Form kündigt die Führungskraft ihrem Mitarbeiter unmissverständlich an, dass es nicht so weitergehen kann und dass sie gegen das problematische Verhalten Widerstand leisten wird. Die Ankündigung ist oft schon ein grundlegender Wendepunkt im Verhalten von souveränen Führungskräften. Sie konzentrieren sich nun weniger auf Jammern, Drohen, Belehren Hoffen und Schimpfen, sondern auf die Übermittlung klarer und unmissverständlicher Botschaften. Ankündigungen erfolgen immer schriftlich, vor allem deswegen, weil sie ein Mittel zur Stärkung der Führungskraft sind. Darüber hinaus erzeugt die Verschriftlichung ein höheres Maß an Verbindlichkeit und verringert Missverständnisse. Hierbei ist nicht die Mahnung im Vordergrund, sondern vielmehr die klare Ansage an den Mitarbeiter. In der Ankündigung werden deutlich die Verhaltensweisen angeführt, die die Führungskraft bzw. das Unternehmen als problematisch ansieht.

Bitte beachten Sie: Das sollte keine Generalabrechnung sein mit einer langen Liste von Verfehlungen. Konzentrieren Sie sich auf ein bis zwei kritische Verhaltensweisen.

Es wird dem Mitarbeiter angekündigt, dass gegen sein Fehlverhalten von der Führungskraft und vom Führungskreis Widerstand geleistet wird.

In einer ruhigen Situation wird dem Mitarbeiter die Ankündigung von der Führungskraft übergeben und vorgelesen. Nach dem Vorlesen wird der Mitarbeiter verabschiedet. Man gibt keine weiteren Erklärungen ab. Das Tagesgeschäft wird normal fortgesetzt. Dann ist es sehr günstig, eine Beziehungsgeste zu setzen, d. h. die Kommunikation wird auf einer anderen Ebene zu einem anderen Zeitpunkt wieder aufgenommen. Die Ankündigung sollte, wie die Erfahrung lehrt, nur einmal erfolgen. Sie markiert den Wendepunkt und den Beginn des entschiedenen Widerstands, auf den mehrere Maßnahmen Wachsamer Sorge und andere Formen des Widerstands folgen (können). Ankündigungen werden in ruhigem, keinesfalls drohendem oder belehrendem Ton langsam vorgetragen. In dieser Form deeskalieren sie immer. Manchmal zerreißen Mitarbeiter die Ankündigung oder weigern sich, diese in Empfang zu nehmen. In diesen Fall können Sie den Text ggf. auch noch einmal per Email zustellen.

Die Verschriftlichung stärkt die Führungskraft, denn sie klärt sich dadurch auch selbst. Plötzlich bekommt die Anweisung eine offizielle Note. Der Mitarbeiter wird möglicherweise nach dem Sinn dieser Aktion fragen. Gehen Sie konstruktiv auf diese Nachfrage ein und wiederholen Sie, was in der Ankündigung steht: »Sie sind ein langjähriger Mitarbeiter und ich schätze Sie persönlich, doch diese Verhaltensweisen werde ich nicht mehr hinnehmen und hier zukünftig aktiv Widerstand leisten. Ich vertraue aber darauf, dass Sie gute Ideen haben, wie wir mit diesem Problem umgehen können.« Spielen Sie den Ball auf seine Seite und erwarten Sie gelassen, aber in positiver Beziehung die Antwort!

Beispiel Ankündigungsbrief:

Guten Tag Herr Müller,

wir arbeiten nun seit mehreren Jahren zusammen und wir haben Sie in dieser Zeit als Mitarbeiter schätzen gelernt. Es macht uns große Sorgen, dass Sie in letzter Zeit die Arbeitsschutzvorschriften häufig ignorieren und damit sich und Ihre Kollegen gefährden. Dieses Verhalten können wir nicht akzeptieren und werden dagegen halten.

Freundliche Grüße
Ihre Führungskraft

Das »Sit-in« – Der entschiedene und nachhaltige Protest

Kommt es bei Mitarbeitern zu Vergehen außergewöhnlicher Tragweite oder bleibt das im Ankündigungsbrief kritisierte Verhalten bestehen, ist es notwendig, dem Mitarbeiter die Grenzen deutlich zu setzen. Machen Sie ein »Sit-in«. Diese gewaltfreie Widerstandstechnik wurde vor allem in den 1960er-Jahren im Rahmen der Studentenproteste bekannt, ist aber viel älter und ausgesprochen wirkungsvoll.

Bei dieser Form des Widerstands begibt sich die Führungskraft, gerne unterstützt durch weitere Hierarchen, Mitarbeiter der Personalabteilung und/oder des Betriebsrats, in das Territorium des Mitarbeiters – sie suchen ihn an seinem Arbeitsplatz direkt auf. Günstig sind zwei bis drei Teilnehmer aus dem Manager-Support-Team. Sie nehmen ihre Plätze ein, ohne allerdings den Mitarbeiter am Verlassen seines Arbeitsplatzes zu hindern, wenn er das möchte. Sie sagen mit ruhiger, sicherer Stimme: »Wir sitzen hier, weil wir Ihr Verhalten so nicht akzeptieren können. Wenn Sie eine Idee haben, wie wir das Problem lösen können, lassen Sie es uns wissen.«

Das »Sit-in« dauert üblicherweise maximal 15 Minuten und ist dadurch gekennzeichnet, dass die Führungskräfte bis auf die Ankündigung kein Wort sprechen, auch wenn der Mitarbeiter sehr viel spricht oder gar nicht. Dabei sind sehr viel Disziplin und Selbstkontrolle erforderlich! Man sollte sich also innerlich gut auf diese Situation vorbereiten. Es ist zu verführerisch, sich von dem Mitarbeiter in ein Gespräch verwickeln zu lassen oder selbst die eigenen Absichten zu erklären. Doch solche Gespräche führen häufig zu Vorwürfen, Schuldzuweisungen und Rechtfertigungsorgien. Das ist hier nicht erwünscht. Stattdessen soll durch das geballte Schweigen und die starke Präsenz vor Ort Entschiedenheit deutlich werden, die den Mitarbeiter auf seine Verantwortung hinweist. Bitte sprechen Sie also nicht. Das stärkt Sie und Ihre Souveränität.

Für das »Sit-in« ist es immer günstig, eine weitere Person, gerne auch ein Mitarbeitervertreter oder einen Kollegen, dabei zu haben, dem der Mitarbeiter vertraut. Dieser wartet vor der Tür. Sollte der Mitarbeiter aus der Situation flüchten wollen, was sehr selten geschieht, verwickelt diese Person ihn in ein Gespräch und wirkt auf ihn ein, wieder zu seinem Arbeitsplatz zu gehen und sich der Situation zu stellen.

Bringt der Mitarbeiter in der Situation Vorschläge, die Ihnen als Führungskraft annehmbar erscheinen, beenden Sie das »Sit-in« mit den Worten: »Vielen Dank für diese Vorschläge. Ich werde über diese Vorschläge nachdenken. Sie hören von uns.« Bringt der Mitarbeiter keinen Vorschlag, so wird das »Sit-In« nach der vorgesehenen Zeit beendet und Sie verabschieden den Mitarbeiter mit den Worten: »Wir haben von Ihnen keine Vorschläge gehört. Wir ziehen uns zurück, um nachzudenken. Sie hören von uns.«

Nach dem »Sit-In« gehen Sie wieder zum Alltag über. Setzen Sie auch eine Beziehungsgeste. Sollte der Mitarbeiter Sie fragen, was diese Aktion nun sollte, antworten Sie: »Wir nehmen Ihr Verhalten nicht hin und werden weiterhin Widerstand leisten. Sie sind uns als Mitarbeiter wichtig! Wir warten auf Ihre Vorschläge.«

Nochmal, wenn der Mitarbeiter beim »Sit-in« den Raum, seinen Arbeitsplatz verlassen will, hindern Sie ihn nicht daran. Sie erschweren es ihm nur, indem Sie Ihren Platz direkt vor der Tür einnehmen, so dass er an Ihnen vorbei muss. Bleiben Sie trotzdem die geplante Zeit an seinem Arbeitsplatz. Warum ist das wichtig? Zeigen Sie, dass Sie der Herr über die Zeit und den Raum sind – Sie beschließen, wann das »Sit-In« zu Ende ist und nicht Ihr Mitarbeiter (Selbstkontrolle!). Das wird auch Ihr Mitarbeiter bemerken und somit Ihre Stärke und Souveränität wahrnehmen. Sollte Ihr Mitarbeiter ausfallend werden, Sie beleidigen oder gar tätlich angreifen, dürfen Sie Schutzabwehrbewegungen machen, doch zahlen Sie es nicht mit gleicher Münze heim oder werden selbst gar handgreiflich.

Probieren Sie das »Sit-In« aus! Es stärkt Sie ungemein und verstärkt vor allem Ihre Präsenz im Kopf Ihres Mitarbeiters. »Meine Chef ist da!«, »Er meint es ernst!«, »Er traut mir etwas zu!«, »Er bemüht sich um mich!«. Es braucht allerdings gerade im betrieblichen Kontext eine sehr gute Vorbereitung. Halbherzige Gesten reichen nicht aus.

Werfen Sie Ihre Bedenken über Bord

»Kann man denn wirklich im Unternehmen ein Sit-in machen? Was sollen denn die Leute denken?« Sie als Führungskraft sind autark in der Wahl Ihrer Mittel. Zunächst einmal müssen Sie diese Art des Widerstands gar nicht benennen – Sie tun es einfach. Wenn man plötzlich mit mehreren Mitgliedern der Organisation anrückt, den Mitarbeiter am Arbeitsplatz mit seinem Fehlverhalten konfrontiert und ihm die Chance gibt, dieser Situation zu entkommen, indem er nach einer Lösung sucht, entfaltet das Setting eine ganz eigene Dynamik, die Sie durch Schweigen noch verstärken. Damit bauen Sie sehr konstruktiv und entschieden den Rahmen für gute Lösungen auf, ganz ohne sich zu ärgern oder zu nörgeln, indem Sie den Ball beim Mitarbeiter lassen.

»Und wenn das alles nichts fruchtet? Der Mitarbeiter ist abgehauen und hat jetzt einen Krankenschein?« Das lässt sich nicht ausschließen. Doch Sie bleiben dran. Intensivieren Sie die wachsame Sorge mit einseitigen Schritten etwa, indem Sie die Botschaft wiederholen und auf eine Lösungsidee warten. Bleiben Sie dabei wertschätzend, klar und konsequent. Möglicherweise gibt es wirklich keine Passung mehr zwischen Mitarbeiter und Unternehmen. Doch nehmen Sie den Mitarbeiter nicht aus der Konsequenz seines Handelns. Damit würden Sie folgende Botschaften ins Unternehmen senden:

- Man darf es sich bei mir erlauben!
- Hier kann einem nichts passieren – Hunde, die bellen, beißen nicht.

Und die Kollegen lernen daraus:

- Warum mache ich es nicht genauso? Der bekommt ja auch sein Geld fürs Nichtstun.
- Mit dem Chef kann man es ja machen!

Das Ergebnis sind Autoritäts- und Motivationsverlust in der Abteilung. Sie können Ihre Rolle als Anker nicht mehr erfüllen.

Das Manager-Support-Team kann Ihnen in einer solchen Situation Kraft geben und Sie stärken. Durch seine Einbindung haben Sie auch den nötigen Rückhalt, wenn es doch zum Äußersten kommt und Sie eine Trennung vom Mitarbeiter in Betracht ziehen müssen. Nutzen Sie ggf. Ihre Unterstützungsstruktur, um auch hier eine klare Linie ziehen zu können.

Selbstreflexion: Der eigene Widerstand

Wie sieht es bei mir in der Abteilung aus? Leiste ich aktiv Widerstand, wenn ein Mitarbeiter über einen längeren Zeitraum ein unakzeptables Verhalten an den Tag legt?

____

____

____

Wie zeige ich dem Mitarbeiter diesen Widerstand?

____

____

____

Was befürchte ich, wenn ich diesen Widerstand aktiv zeige?

____

____

____

Wer kann mich unterstützen, damit ich die nötige Energie zum Widerstand aufbringe?

____

____

____

Sie haben einen schwierigen Mitarbeiter in Ihrem Team? Dann stellen Sie sich einmal folgende Frage: Was müssten Sie tun, damit der schwierige Mitarbeiter in seinem Verhalten verstärkt wird, es beibehält oder sich die Situation sogar noch verschlimmert?

____

____

____

Bitte unterstreichen Sie alle Maßnahmen mit rot, die Sie häufig zeigen und mit gelb, die Sie manchmal bei sich beobachten.

Diese Verhaltensweisen sollten Sie schnellstmöglich durch Maßnahmen des gewaltlosen Widerstands ersetzen.

1.9 Wiedergutmachung

*»Du musst jeden Tag entscheiden,
wer den Preis für deine Führung zahlt:
du oder deine Leute.«
(Kevin Leman)*

Wenn eine ungute Situation sehr lange Bestand hatte oder die Kollegen deutlich unter der aktuellen Situation gelitten haben, ist die Integration des Mitarbeiters auch nach einer Verhaltensänderung nicht immer einfach oder selbstverständlich. Die alten Verletzungen schwingen in den Gesprächen noch mit, das Misstrauen verschwindet nicht von selbst. Manchmal gibt es den Ruf nach Sanktionen oder Bestrafung. Deshalb kann es sinnvoll sein, auch hier ein deutliches Signal zu setzen.

Im Bereich der Mitarbeitermotivation setzt man häufig noch auf Anreizsysteme, auf extrinsische Motivatoren wie Zuckerbrot und Peitsche. Sie sollen den Leistungswillen fördern oder auch negative Verhaltensweisen unterbinden. Das ist Erziehung und Führung nach Altväter-Sitte. Alternative zur Strafe ist neben dem steten Widerstand der Führungskraft auch der Ausgleich durch Wiedergutmachung. Der Gedanke der Wiedergutmachung geht davon aus, dass ein Mitarbeiter, der durch sein Verhalten seinen Kollegen oder dem Unternehmen einen Schaden zugefügt hat, diesen ausgleichen oder wiedergutmachen kann.

Diese Wiedergutmachung sollte dazu dienen, den Wiedereinstieg in das Team zu ermöglichen. Das kann bei offenem Fehlverhalten nicht nur eine Entschuldigung sein, sondern auch eine Wiedergutmachung in Form einer aktiven, prosozialen Handlung für das Team.

Beispiel 1:

Ein Mitarbeiter hat sich regelmäßig an Samstagen, an denen gearbeitet werden sollte, kurzfristig krank gemeldet, so dass Kollegen einspringen mussten. Er übernimmt nun freiwillig für seine Kollegen in den Sommerferien die ungeliebten Samstag-Schichten.

Beispiel 2:

Der Mitarbeiter hat gegen Arbeitsschutzvorschriften verstoßen und damit sich und sein Team gefährdet. Er übernimmt zukünftig die Einweisung der Auszubildenden im Arbeitsschutz und macht auch noch ein kurzes Refreshing für die Kollegen im nächsten Teammeeting.

Die Wiedergutmachung sollte gut vorbereitet sein und auch öffentlich durchgeführt werden. Achtung! Es geht hier nicht um Kompensation für das Unternehmen oder darum, einen Mitarbeiter öffentlich an den Pranger zu stellen. Der Leitgedanke ist, dass der Mitarbeiter durch sein Verhalten seinen Kollegen einen Schaden zugefügt hat, den er wiedergutmachen kann. Dieser auf die Gemeinschaft gerichtete Akt ermöglicht es dem Mitarbeiter, sich wieder in das Team zu integrieren und positiv aufgenommen zu werden. Begleiten Sie als Führungskraft diesen Wiedergutmachungsprozess wohlwollend und unterstützend. Schaffen Sie dabei eine positive Grundstimmung und einen wertschätzenden Rahmen. Wenden Sie sich strikt dagegen, dass Formen angewandt werden, die erniedrigen. Dies ist natürlich auch vom Kontext abhängig. Den Arbeitsplatz von anderen säubern zu müssen oder unter dem Gelächter der Kollegen den Hof zu kehren, sind keine geeigneten Formen der Wiedergutmachung. Wiedergutmachungen bauen den Mitarbeiter auf, stärken ihn im Kollegenkreise und potenzieren die Kraft des Ausgleichs. Dabei kann er gerne unterstützt werden. Auch die Führungskraft gewinnt durch diesen Akte an Stärke und Souveränität.

Für die Kollegen ist diese Wiedergutmachung eine sinnvolle Handlung. In manchen Fällen haben sie längere Zeit unter dem Fehlverhalten gelitten, hatten Mehrarbeit und unerfreuliche Diskussionen. Diese potentielle Demotivation ist nicht zu vernachlässigen. Jetzt bekommt der schwierige Kollege auch noch vermehrt Aufmerksamkeit von der Führung, darf auf Schulung gehen und wird nicht bestraft, sondern »gehätschelt« – da können Unverständnis und Ärger wachsen. Durch die Wiedergutmachung würdigt man also auch diese Verletzungen und macht deutlich, es geht um das ganze Team, um Kooperation und Zusammenarbeit.

Ideen für Wiedergutmachungen:

- den Kollegen etwas Gutes tun: Kuchen backen, Grillfest, für jeden einen kleinen Blumenstrauß
- etwas Künstlerisches tun: ein Bild für den Aufenthaltsraum malen, ein kleines Konzert geben (je nach Talent)
- etwas Soziales tun: einem Kollegen beim Umzug helfen, sich in einem sozialen Projekt engagieren

- etwas für das gemeinsame Lernen tun: Auszubildende beim Lernen unterstützen, sich mit Themen vertraut machen und diese in das Team hinein bringen, eine Wissensdatenbank pflegen
- Aufgaben für die Gemeinschaft übernehmen: nach den Meetings den Teamraum aufräumen, den Urlaubsplan aufstellen und aushängen

Die Möglichkeiten variieren stark nach Arbeitsumfeld und Unternehmenskultur. Da bieten Produktionsbereiche andere Möglichkeiten als Büros oder Heimarbeitsplätze. Hier gilt es, eine Maßnahme zu finden, die im Rahmen des Mitarbeiters und des Teams liegen. Doch sollten Sie nicht darauf verzichten, auch ein Signal in das Team zu senden.

Beispiel »Herr Lau ist schuld«

Ist in unserem Beispiel eine Wiedergutmachung nötig? Herr Lau war allein im Projekt und hat sich alles in allem angestrengt, den Job gut zu machen. Frau Hansen hat ihm die Aufgabe entzogen und sie selbst gemacht, leider auch nicht mit dem nötigen Erfolg. Hier haben wir es mit möglicher Überforderung zu tun, kommunikativen Missverständnissen und unklarer Einbindung. Das lässt sich meist noch ohne Abmahnung regeln und hier bedarf es keines Sit-Ins. Sollte Frau Hansen allerdings nicht konstruktiv auf Herrn Lau zugehen, besteht die Gefahr, dass er langfristig innerlich emigriert, »Dienst nach Vorschrift« schiebt und seine Frustration und Demotivation auch im Kollegenkreis ausstrahlt. In zwei bis drei Jahren wäre der Führungsaufwand deutlich höher. Eine Wiedergutmachung von beiden Seiten könnte also hilfreich sein, um das gestörte Vertrauen wieder aufzubauen.

Es muss also nicht in allen Fällen das komplette Programm abgearbeitet werden. Führung mit Neuer Autorität ist ein Führungsweg, der entwickelt wurde, um auch völlig verhärtete Fronten aufzuweichen, gewachsene Missstände konstruktiv anzupacken und schwierige Mitarbeiter wieder ins Team zu integrieren.

Verzichten Sie nicht auf Wiedergutmachung, denn diese Versöhnungsgesten beziehen auch die anderen Mitglieder des Teams, die Kollegen, mit ein. Möglicherweise haben auch sie lange unter dem unakzeptablen Verhalten ihres Kollegen gelitten, haben weggesehen oder ausgeputzt. Auch dieser Ärger muss gewürdigt werden!

Das Team im Fokus

Es lohnt sich bei dieser Gelegenheit, das Team, den Kollegenkreis des Mitarbeiters einmal näher zu betrachten, wenn Wiedergutmachung erforderlich ist. Denn die Befindlichkeit der einzelnen Teammitglieder wird manchmal von der Führungskraft sträflich ignoriert. Nicht selten wird erwartet, dass das Team das Problem des schwierigen Mitarbeiters schon löst. Dafür gibt es schließlich den gruppendynamischen Prozess. Doch fehlen dem Team meist die Mittel und auch die Zeit, solche Themen konstruktiv anzusprechen. Wenn Sie als Führungskraft das Thema nicht meistern können, wie sollen es denn die Mitarbeiter schaffen, denen zudem noch die funktionale Macht fehlt? Das Ergebnis ist nicht selten eine komplette Ausgrenzung des Problem-Menschen, bis hin zu Psychospielchen und Mobbingsituationen.

Manchmal wird die Führungsverantwortung des Widerstands umgangen, indem man als Führungskraft bei Delegationsaufgaben den Weg des geringsten Widerstands geht und die Aufgaben an diejenigen verteilt, die noch Willens sind oder nicht Nein sagen können. Das geht meist eine Weile gut, doch Vorsicht! Selbst der willigste Mitarbeiter stellt sich irgendwann die Frage: »Warum immer ich?!« Der innere Widerstand wächst, die Motivation bricht zusammen, der Mitarbeiter lernt: »Der Kollege kommt mit Leistungsverweigerung durch, die anderen sind die Dummen. Doch nicht mit mir!«

In beiden Situationen erhöht sich der Führungsaufwand exponentiell.

Beide »Lösungsversuche« nehmen die Mitarbeiter nicht nur dem Kollegen, sondern vor allem der Führungskraft übel. Sie hätte handeln müssen. Recht haben sie! Dementsprechend ist das Beharren auf Wiedergutmachung auch ein gutes Stück Wiedergutmachung durch die Führungskraft. Sie zeigt damit: »Ich sehe Euch und habe Eure Not wahrgenommen. Ich sorge für Euch.« So wird nicht nur der Mitarbeiter, sondern auch die Führungskraft wieder Teil der Verantwortungsgemeinschaft.

Reflexion: Indikatoren für Unzufriedenheit im Team

Es gibt viele Gründe, weshalb ein Team mehr Last als nötig tragen muss. Wie sieht es bei Ihnen aus?

Wie können Sie dem Team zeigen, dass Sie Ihre Führungsverantwortung wahrnehmen und das Problem aktiv angehen?

Welche Maßnahmen der Wiedergutmachung böten sich in Ihrem Team an?

2 Damit es gar nicht erst soweit kommt – Wege zur positiven Führung

2.1 Positive Autorität

»Es ist nicht genug,
den Stress am Arbeitsplatz zu reduzieren,
wir müssen auch das Wohlbefinden erhöhen.
Praktiken um dies zu ermöglichen
müssen auf einem Arbeitsplatz Sinn machen.
Es ist keine Raketenwissenschaft, nur eine Frage,
wie man mit den Arbeitern redet und beachtet,
was sie vorschlagen könnten.«
(Chris Peterson)

Mitarbeiter sind in der Regel nicht von Natur aus schwierig, sondern entwickeln sich erst dazu. Sie haben bei den verschiedenen Schritten der Neuen Autorität gesehen, dass man als Führungskraft besser früh reagiert und Eskalationen gar nicht erst geschehen lässt. Das beste und einfachste Mittel dazu ist die positive Kommunikation. In vielen Unternehmen ist die Gesprächskultur nicht sehr stark ausgeprägt und der Kontakt mit den Mitarbeitern beschränkt sich auf Einweisung und Anweisungen. Dementsprechend haben in den letzten Jahren Führungsinstrumente wie Mitarbeitergespräche und Zielvereinbarungen Einzug gehalten. Nach unserer Erfahrung werden sie meist dann eingeführt, wenn Führungskräfte die Aufgabe der Personalführung sträflich vernachlässigen – in Unternehmen mit einem offenen Austausch auf Augenhöhe sind solche Instrumente nicht notwendig. Doch diese Maßnahmen finden meist nur einmal jährlich statt – viel zu selten, um eine vertrauensvolle Beziehung zum Mitarbeiter aufzubauen. Durch die gespürte soziale Vernachlässigung entstehen häufig erst die unguten Strukturen, die Fehlentwicklungen.

Schaffen Sie Raum für Begegnung, zeigen Sie Präsenz, seien Sie wachsam – das sind die notwendigen Aspekte der Neuen Autorität. Nehmen Sie sich Zeit für Ihren Mitarbeiter, pflegen Sie eine wertschätzende Beziehung, würdigen Sie seine Leistungen und schätzen Sie ihn als Person.

Exkurs Transformationale Führung

Kennen Sie das nicht schon aus dem letzten Führungskräfteentwicklungsprogramm? War das nicht Transformationale Führung (Bass & Avolio, 1990)? Richtig!

Stehen beim transaktionalen Führungsstil die Management-Aufgaben wie Ressourcenverteilung, Zielklärung und Schaffung von Strukturen im Vordergrund – getrieben von der Haltung »Geld gegen Leistung« – ist es beim transformationalen Führen die Aufgabe der Entwicklung. Die transformational agierende Führungskraft dient als Inspirator und Vorbild für die Mitarbeiter und unterstützt den Einzelnen bei seiner Entwicklung. Stärkenorientierung und Ressourcenaufbau sind wesentliche Elemente, aber auch Teamlernen, Herausforderungen schaffen und Veränderungsprozesse forcieren. Somit passen die Haltung von Führung mit Neuer Autorität wie auch die Ansätze des Positive Leadership gut in das komplette Portfolio transformationaler Führung und bereichern mit ihren Prozessgedanken und Methoden das Haltungs- und Handlungsspektrum moderner Führungskräfte.

Passende Führungsstile	
Transaktionale Führung	**Transformationale Führung**
• Führung ist Geben und Nehmen • Die Führungskraft sieht sich als Dienstleister • Schaffung klarer Rollen und Aufgaben • Bereitstellung von Infrastruktur • Vermeidung von Demotivation • Der Kontrakt: Geld gegen Leistung • gegenwartsorientiert	• Führung höherer Ordnung • auf Veränderung und Entwicklung ausgerichtet • Entdeckung von Entwicklungspotenzialen und Ressourcen der Mitarbeiter • Förderung von Selbstwachstum • Inspiration, intellektuelle Stimulation, Entwicklung • zukunftsorientiert

Strategien für Positive Leadership

Kim Cameron (2008) ist der Meinung, dass man mehrere Aspekte betrachten und strategisch verfolgen sollte, um außergewöhnliche Unternehmenserfolge zu erzielen:

- Positive Kultur
- Positive Beziehungen
- Positive Kommunikation
- Positiver Sinn

Bei einer positiven Kultur geht es um Empathie, Würdigung und eine konstruktive Fehlerkultur, die Vergebung einschließt. Der Umgang ist geprägt von Wertschätzung und Respekt. Stärken, nicht Schwächen, stehen im Fokus der Aufmerksamkeit. Das schafft ein positives Beziehungsklima, das nicht nur den direkten persönlichen Kontakt, sondern auch das gesamte Team betrifft. So entstehen inspirierende Energienetzwerke (siehe auch S. 89), die Unterstützung bieten können in schwierigen Situationen. Gemeinsames Lernen und Fortschritt werden durch konstruktives Feedback (»supportive feedback«) befördert: Klar sagen, was passt und was nicht passt, ohne Entscheidungs- und Machtfragen zu stellen. Im Mitarbeitergespräch ist es zudem hilfreich, das Handeln in einen größeren Sinnzusammenhang zu stellen, Hintergründe zu erläutern und Entscheidungen zu erklären und zu diskutieren. Das sorgt für gegenseitiges Vertrauen und respektvollen Umgang miteinander und mit den zur Verfügung stehenden Ressourcen. Zielklarheit und eine wahrhaftige Fokussierung auf Unternehmenswerte fungieren als Kompass des individuellen und unternehmerischen Handelns.

Im Folgenden finden Sie einige Instrumente, die Ihnen die Umsetzung dieser Strategien erleichtern.

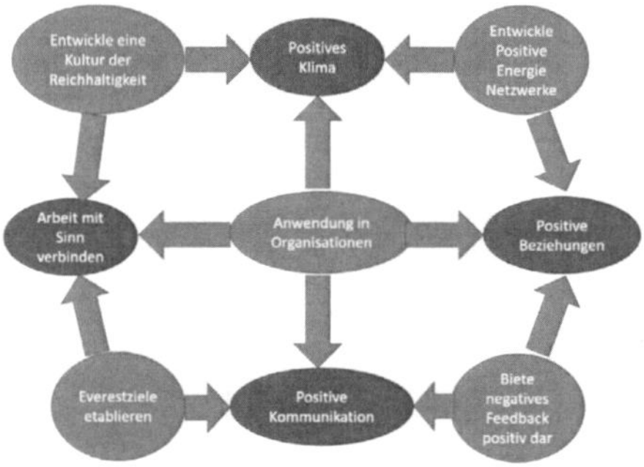

2.2 Sorgen Sie für gute Kommunikation

»Andere Menschen haben Bedeutung,
aber nur sehr wenige können Gedanken lesen.
Lassen Sie sie wissen, dass sie Bedeutung haben.
Die Menschen werden vielleicht davon profitieren
und Sie werden es auf jeden Fall.«
(Chris Peterson)

Ein großer Teil der Führungsaufgaben sind kommunikativer Art. Also lohnt es sich, hier einmal genauer hinzuhören. Als Führungskraft hat man es ein Stück weit selbst in der Hand, das Arbeitsklima in der eigenen Abteilung zu prägen. Der Schlüssel liegt in der Kommunikation und in der Haltung, die hier zum Ausdruck kommt.

John Gottman beschreibt sieben Säulen gelingender Beziehung (2017):

1. Freundlichkeit und Anerkennung teilen,
2. sich zuwenden,
3. positive Einstellung,
4. Konflikte managen,
5. Lebensträume wahr werden lassen,
6. gemeinsam Sinn finden und
7. Offenheit gerade auch in langjährigen Beziehungen.

Diese Säulen bilden auch im betrieblichen Kontext ein gesundes Fundament für ein positives Arbeitsklima:

Zu 1) Freundlichkeit und Anerkennung teilen, heißt, positive Momente zu teilen, sich gemeinsam an schönen Momenten zu erfreuen und dem Anderen Anerkennung und Bewunderung zuteilwerden zu lassen. Würdigen Sie Erfolge, machen Sie auch mal Komplimente. So entsteht ein Klima positiver Kommunikation.

Zu 2) Sich zuwenden bedeutet, den Anderen bewusst wahrzunehmen, mit seinen Gefühlen und seinen Gedanken. Man gibt dem Gegenüber Raum und bemüht sich, seine Perspektive einzunehmen. Nehmen Sie sich Zeit für Gespräche und sorgen Sie dafür, dass Sie nicht gestört werden. Hören Sie zu und fragen Sie nach.

Zu 3) Eine positive Einstellung führt dazu, dass man dem Mitarbeiter positive Motive unterstellt und bei Kritik nicht die Person generell abwertet, sondern das Verhalten betrachtet. Wer zu Misstrauen neigt, tut sich hier schwer. Jeder hat gute Gründe für sein Verhalten, sprechen Sie also mit dem Mitarbeiter über seine Gründe.

Zu 4) Natürlich gibt es auch Störungen, Krisen, kritisches Verhalten. Nobody is perfect! Doch wenn Konflikte zeitnah angesprochen und konsequent bearbeitet werden, baut sich im Team die Fähigkeit auf, mit andauernden und wiederkehrenden Problemen konstruktiv umzugehen. Man hört sich gegenseitig zu, trennt Absicht und Verhalten und spricht von eigenen Eindrücken ohne Zuschreibungen und Vermutungen. Letztlich ist jeder Konflikt eine Chance für Wachstum und Lernen.

Zu 5) Es ist ein Element der transformationalen Führung andere Menschen bei ihren Entwicklungszielen zu unterstützen, Lebensträume wahr werden zu lassen. Sprechen Sie mit Ihren Mitarbeitern darüber, was sie sich wünschen, und helfen Sie wenn möglich dabei, diese Ziele realisieren zu können.

Zu 6) Gemeinsam Sinn finden heißt, sich klar zu werden, wofür man steht und welche Anteile man am Gesamten hat. Ein Teammotto, eine Vision, die man teilt, die Entwicklung einer Corporate identity sind mögliche Elemente eine solchen Sinnfindung.

Zu 7) Bleiben Sie offen Ihren Mitarbeitern gegenüber. Bemühen Sie sich, den Anderen immer wieder neu kennenzulernen, zeigen Sie aktives Interesse und erweitern Sie so Ihre Wahrnehmung des Mitarbeiters. Menschen ändern sich, machen neue Erfahrungen, lernen und entwickeln sich. Sollten Sie ein festes Bild von Ihren Mitarbeitern haben – alle schön in Schubladen gepackt – dann geben Sie sich und Ihren Mitarbeitern nun die Chance, sich in neuen Perspektiven zu begegnen. Sprechen Sie über Stärken und Ressourcen, über Entwicklungen und Wünsche. So schaffen Sie ein offenes Arbeitsklima, das Begegnung und Beziehungsgesten ermöglicht. Sie sind auf Augenhöhe mit Ihren Mitarbeitern.

Leider finden sich in Unternehmen oft ganz andere Muster, die Sie vermeiden sollten:

- Kritik in Form von Schuldzuweisungen und Anklagen. Bleiben Sie konstruktiv und lösungsorientiert.
- Die generelle Verurteilung des Mitarbeiters. Ist jemand erst einmal in dieser Schublade, kommt er nur schwierig wieder heraus.
- Abwehr oder Verteidigung. Machen Sie sich bewusst, dass Sie möglicherweise selbst Anteile am Konflikt haben und gehen Sie damit konstruktiv um.
- Verachtung, Geringschätzung des Mitarbeiters. Diese Form der Kränkung hat lange Nachwirkungen.
- Mauern und Rückzug. Wenn Sie als Führungskraft sich nicht konstruktiv um Lösungen bemühen, wird es Ihr Mitarbeiter auch nicht tun. Lassen Sie im Konflikt nicht nach, leisten Sie Widerstand.

Aktiv-konstruktive Kommunikation schafft ein gutes Betriebsklima. Ein Klima, in dem Menschen sich wohl fühlen, weil sie Wertschätzung und Respekt erfahren, weil sie sich ernst genommen fühlen, weil sie gestalten können und voneinander lernen. Ein funktionierendes Geflecht kollegialer Beziehungen ermöglicht mehr Lebensfreude durch Unterstützung und Zusammenarbeit. Man spürt, dass man sich gegenseitig braucht. Darüber hinaus erleichtert der Dialog den Perspektivenwechsel, weil man sich austauscht und um Verständnis ringt. Das erweitert den Horizont und öffnet den Blick für neue Chancen.

Doch ist das nicht selbstverständlich? Leider nein. Zur besseren Verdeutlichung siehe Übersicht auf Seite 79 über konstruktive und destruktive Kommunikationsstile, direkt mit Beispiel.

Auch wenn die destruktiven Kommunikationsformen im Berufsalltag möglicherweise seltener sind, so findet sich doch recht häufig das passiv-konstruktive Muster. Wohlwollen ja, aber doch insgesamt fehlende Würdigung.

Manchmal wechselt der Fokus schnell vom Du zum Ich. Statt sich auf die Erfahrungen des Gegenübers einzulassen, schwelgt man in eigenen Erinnerungen und Befindlichkeiten. Auch das ist nicht wirklich würdigend.

Kommunikationsmuster – konstruktive und destruktive Reaktionen

Kommunikation: *Ein Mitarbeiter kommt zu Ihnen und berichtet Ihnen stolz vom erfolgreichen Abschluss seiner nebenberuflichen Fortbildung.*	aktiv	passiv
Konstruktiv	Wertschätzung, Augenkontakt, konkrete Anteilnahme, Nachfragen und Miterleben *»Das ist ja toll. Herzlichen Glückwunsch! Wie ist es denn gelaufen? Wann haben Sie es erfahren? Wie werden Sie feiern?« …*	Zur Kenntnis nehmen, wenig Gefühlsausdruck, schnell zum nächsten Thema wechseln. *»Herzlichen Glückwunsch! Wie schaut es eigentlich mit dem Projektbericht Krause aus?«*
Destruktiv	Kritische Nachfrage, Abwertung, Negatives im Fokus, auf Nachteile hinweisen *»Na, das hat ja lange genug gedauert. Aber glauben Sie bloß nicht, Sie bekämen jetzt eine Gehaltserhöhung! So toll ist das auch wieder nicht.«*	Thema wechseln, Ablenkung, Gleichgültigkeit. *»Ich brauche dringend die Akte Mayer. Könnten Sie mir die heute Nachmittag auf den Tisch legen?«*

Gute Kommunikation kann man lernen. Doch wichtig ist die innere Haltung:

- echtes Interesse am Anderen,
- die Bereitschaft, sich einzulassen
- der Wunsch, zu verstehen und mitzufühlen
- grundsätzlich Offenheit im Kontakt
- Seien Sie neugierig auf Ihr Gegenüber. Auch wenn man sich schon lange kennt – es gibt viel Neues zu entdecken!

2.3 Das Positive Mitarbeiterinterview (PMI)

»Gallup-Untersuchungen belegen, dass der kontinuierliche Dialog zwischen Führungskraft und Mitarbeiter einer der wichtigsten Hebel ist, um die emotionale Bindung am Arbeitsplatz zu erhöhen. Doch laut aktuellem Engagement Index hat nur gut jeder zweite Mitarbeiter (56 Prozent) in den letzten zwölf Monaten überhaupt einmal mit seinem Vorgesetzten über seine Leistungen gesprochen. Nur 14 Prozent der Mitarbeiter berichten von einem kontinuierlichen Austausch mit dem Vorgesetzten über das Jahr hinweg. Und selbst dort, wo sie stattfinden, verfehlen Mitarbeitergespräche oft ihr Ziel, die Arbeitsleistung nachhaltig zu verbessern. Nur knapp vier von zehn Beschäftigten (38 %) stimmen der Aussage »die Rückmeldung, die ich zu meiner Arbeit bekomme, hilft mir, meine Arbeit besser zu machen« ohne Wenn und Aber zu.« (Gallup, 22.3.2017)

In den letzten Jahren gab es interessante Forschungsansätze in Unternehmen, wie man Leistung und Motivation der Mitarbeiter systematisch verbessern kann. Der Wirtschaftswissenschaftler Kim Cameron hat einige Maßnahmen zu Positive Leadership entwickelt und ihre Nachhaltigkeit in Unternehmen geprüft. Ein besonders gelungenes Instrument ist das von ihm entwickelte »Personal Management Interview Programm«,[1] kurz »PMI«, das wir mit »Positives Mitarbeiterinterview« übersetzt haben. Dieses Personalführungsinstrument ist eine Technik, die darauf abzielt, Engagement, Empowerment und Positive Haltung zu fördern.

Das PMI ist eine wiederkehrende Maßnahme der Personalführung, um die direkte Kommunikation mit den Mitarbeitern zu verbessern und Wachstum und Entwicklung zu ermöglichen. Wir sprechen hier von »Positive Leadership«. Ziel ist die Erhöhung der Mitarbeiterzufriedenheit und der Performanz (Mitarbeiter- und Aufgabenorientierung). Die Gespräche sind wertschätzend und sorgen für Klarheit und Konsequenz.

Es handelt sich beim PMI ganz einfach ausgedrückt um ein regelmäßig stattfindendes positives Mitarbeitergespräch, ein Jour fixe nach festen Regeln.

Dabei gibt es zwei Elemente. Element 1 ist die Rollenverhandlung, die einmalig erfolgt und den Mitarbeiter über das Instrument, Abläufe, Auf-

---

[1] Cameron, Kim: Vortrag anlässlich der Seligman Positive Psychology Europe Tour 2016, 8. Juli 2016, Wien

gaben und Erwartungen informiert. Element 2 ist das PMI, das in regelmäßigem Turnus (wöchentlich bis monatlich) stattfindet und zwischen 45 und 60 Minuten dauert.

Um sicher zu stellen, dass die Einführung eines solchen Personalführungsinstruments gelingt, sollten einige Rahmenbedingungen definiert werden:

Regelmäßig geplant!

Nur wenn sich das Instrument als feste Einrichtung mit hoher Priorität etabliert, gewinnt es Bedeutung im Unternehmensalltag. Der Mitarbeiter erhält dadurch die Botschaft: Du bist uns wichtig. Das Gespräch mit dir hat Vorrang! So baut sich nach und nach Vertrauen auf.

Unter vier Augen!

Es gilt, eine stabile Beziehung zwischen Führungskraft und Mitarbeiter zu etablieren. Das erfordert einen vertrauensvollen Raum, in dem sich der Mitarbeiter öffnen und auch Privates äußern kann.

Störungsfreiheit!

Hier zeigt sich gelebte Wertschätzung. Wenn permanent das Telefon klingelt und jede Aktion von außen höhere Priorität hat, als das Gespräch mit dem Mitarbeiter, entsteht schnell Frustration. Diese lässt keinen Raum für Vertrauensaufbau. Also: Telefon umschalten, ein Schild mit »Bitte nicht stören!« an die Tür und das klare Signal nach außen: Dieses Gespräch hat Vorrang!

Vorbereitung von beiden Seiten!

Beide Gesprächspartner tragen Verantwortung für ein gutes Gelingen. Das PMI ist kein lockerer Small talk, sondern soll auch dazu beitragen, offene Fragen zu klären, Entscheidungen herbei zu führen und Qualität zu erhöhen. Dementsprechend ist Vorbereitung nötig: Was sind die Themen? Welche Maßnahmen gab es seit dem letzten Gespräch? Wie ist der aktuelle Status? Was ist noch offen? Gibt es neue Themen? Was sollte mein Gegenüber erfahren und wissen?

Rechenschaftspflicht von beiden Seiten!

Das PMI schafft Verbindlichkeit und erzeugt gegenseitige Commitments, sowohl vom Mitarbeiter als auch von der Führungskraft. Beide Teilnehmer stimmen sich ab, was zu tun ist und wer was tut. Nimmt sich die Führungskraft hier aus der Verantwortung und hält die eigenen Zusagen nicht ein, wird das PMI seine Ziele verfehlen.

Manchmal ist vorher ein Training notwendig!

Manche Führungskräfte tun sich schwer mit Mitarbeitergesprächen. Das wird sich auch beim PMI nicht ändern. Deshalb mag es in einigen Fällen sinnvoll sein, sowohl die kommunikativen Fähigkeiten als auch die grundlegenden Gesprächskompetenzen zu trainieren. Der Gesprächsstil sollte aktiv-konstruktiv sein.

Doch auch wer kommunikativ fit ist, reagiert in der Regel dankbar auf eine umfangreiche Einweisung in das PMI: Sinn, Ablauf, Kernfragen und Organisation. So verankert sich das Führungsinstrument auch besser innerhalb der Organisationsstruktur und gewinnt an strategischer Bedeutung.

Flexibilität im Format!

Auch wenn es ein paar grundlegende Richtlinien für die Einführung und den Ablauf des PMI gibt, kann man das Instrument flexibel an die Organisationsbedarfe anpassen. So schätzt man an manchen Stellen eine wöchentliche Ansprache, in anderen Unternehmen oder Abteilungen passt es besser monatlich. Allerdings sollte der Turnus nicht weiter auseinander liegen als monatlich, damit das Gespräch auch seine inhaltliche Bedeutung für die Arbeit behält und wichtige Prozesse sinnvoll begleitet werden können.

Auch der Reifegrad der Mitarbeiter kann eine Rolle spielen. So mag es bei einem Neueinsteiger im Job sinnvoll sein, in kürzeren Abständen zu tagen, als bei einem »alten Hasen«.

Wichtig: Sollte es aus organisatorischen Gründen unabdingbar sein, ein PMI absagen zu müssen, sollte es zeitnah nachgeholt werden, um die hohe Priorität deutlich zu machen. Das PMI ist keine Pufferzeit für Wichtigeres!

Es gibt immer einen Maßnahmen- und Verbesserungsplan!

Das PMI ist nicht nur ein Personalführungsinstrument, sondern auch ein wichtiges Management-Tool zur Prozesssteuerung. Es geht nicht nur darum, mal über die Dinge zu reden. Jedes PMI beinhaltet auch den Gedanken der permanenten Verbesserung in sich. Ziel ist es, das Beste heraus zu holen, Höchstleistung abzurufen. Ein gemeinsam verabschiedeter Maßnahmen- und Verbesserungsplan, der nicht nur einseitig Tätigkeiten für den Mitarbeiter aufführt, sondern auch klare Unterstützungsmaßnahmen der Führungskraft benennt, erhöht die Motivation, gemeinsam an den Zielen zu arbeiten und sich auch an den Erfolgen zu freuen.

Feedback, Anerkennung und Entwicklung!

Spitzenleistung entsteht nicht bei permanenter Defizitorientierung der Führungskraft, sondern durch eine hohe Leistungsmotivation des Mitarbeiters. Verbesserung beinhaltet auch die gegenseitige Anerkennung von Leistungen, Feedback über Gelungenes und weniger Gelungenes und das Aufzeigen von Entwicklungsperspektiven und -zielen. Dabei gilt: Das Positive zuerst!

Wer einen transformationalen Führungsstil pflegt, kann hier als Inspirator und Innovator wirken und den Mitarbeiter bei seiner Entwicklung unterstützen.

Führt man das Positive Mitarbeiterinterview nach diesen Richtlinien, schafft man ein vertrauensvolles und offenes Klima der Zusammenarbeit und erkennt frühzeitig, mögliche Fehlsteuerungen oder persönliche Belastungen beim Mitarbeiter und kann entsprechend konstruktiv reagieren.

Einführung des PMI

Jetzt einfach zu starten und den Mitarbeiter mehr oder weniger mit dem neuen Instrument zu überfallen, schafft möglicherweise Widerstände ohne Not. Deshalb ist es sinnvoll, zunächst einmal darüber zu sprechen, was das PMI bedeutet:

Element 1: Die Rollenverhandlung

Hier wird ein psychologischer Kontrakt zwischen Mitarbeiter und Führungskraft etabliert. »Wir gehen wertschätzend miteinander um und schaffen gemeinsam die Voraussetzungen für Spitzenleistungen. Dabei ist dir meine Unterstützung sicher.« – So lautet in etwas die Botschaft: »Dafür nehmen wir uns ausreichend Zeit.«

Der Fokus liegt auf der detaillierten Erwartung des anderen:

- Was erwarte ich von meiner und seiner Rolle? Welche Verantwortungsbereiche sehen wir bei uns und beim anderen?

- Wie wollen wir uns gegenseitig informieren? Welche Berichte und Informationen benötige ich als Führungskraft? Welche Informationen benötigt mein Mitarbeiter?
- Welche Entwicklungsmöglichkeiten und Perspektiven sehen wir?
- Wie wollen wir miteinander umgehen? Wie häufig wollen wir das Gespräch führen und in welchem Rahmen?
- Welche Aufgaben und Ziele verfolgen wir? Welche Werte leben wir? Wofür stehen wir mit unserer Arbeit?

Dabei ist diese Klärung keine Einbahnstraße top-down. Es geht um Austausch und Ideen, um Klärung und Reflexionsebenen, um Regeln für ein gutes Miteinander, um klare Vereinbarungen in Bezug auf Leistung.

Natürlich ist nicht alles verhandelbar: Es gibt Unternehmensziele, Funktionsbeschreibungen, Arbeitsverträge. Doch auch hier ist wichtig: Nichtverhandelbare Rahmenbedingungen werden identifiziert, festgelegt und begründet. Alle Uneinigkeiten außerhalb dieser formalen Rahmenbedingungen sind verhandelbar. Dementsprechend bedarf es gerade auch von Seiten der Führungskraft einer grundsätzliche Offenheit und Toleranz, sich auch auf seinen Mitarbeiter einzustellen und nicht unmissverständlich auf die eigenen Positionen zu beharren, wenn es nicht notwendig ist.

Was heißt nun: verhandelbar außerhalb formaler Rahmenbedingungen? Machen wir das an einem Beispiel fest.

Möglicherweise hat Ihr Mitarbeiter regelmäßig Kundenkontakt und empfängt an seinem Arbeitsplatz externe Besucher? Dann sind Richtlinien in Bezug auf Kleidung oder Arbeitsplatzordnung und -gestaltung gerechtfertigt, denn der Mitarbeiter fungiert in seiner Funktion als offizieller Vertreter des Unternehmens nach außen. Sein Verhalten, sein Auftreten und sein Arbeitsplatz sind imagewirksam. Das ist also nicht verhandelbar. Arbeitet der Mitarbeiter jedoch für sich, ohne Kundenkontakte, und sein Schreibtisch sieht völlig chaotisch aus, so mag einen dies als Führungskraft außerordentlich stören, doch ein objektiver Grund, hier zu intervenieren, besteht faktisch nicht, so lange das Chaos weder die Arbeit noch die Kollegen beeinträchtigt. Hier gilt es also, eine gewisse Toleranz zu entwickeln und möglicherweise eher die eigenen Selbstberuhigungskompetenzen zu stärken, statt die eigene Befindlichkeit zum Maß aller Dinge zu machen.

Sind alle Fragen befriedigend geklärt, wird ein Protokoll über die Gesprächsergebnisse beiden Parteien ausgehändigt. Das ist ein erstes Stück Verbindlichkeit und gegenseitige Verpflichtung. Die Gesprächsergebnisse werden mit denen geteilt, die von den Vereinbarungen betroffen sind. Auch die Form dieser Information wird im Gespräch geregelt.

Dann kann es jetzt in den »Regelbetrieb« gehen.

Element 2: Das regelmäßige Interview

Das Positive Mitarbeiterinterview findet in regelmäßigem Turnus unter vier Augen in einer unterstützenden und aufbauenden Atmosphäre statt. Es folgt einer festen Struktur und dauert zwischen 45 und 60 Minuten.

Primäre Ziele:

- Kontinuierliche Verbesserung
- Teambildung und persönliche Entwicklung
- Feedback

Grundlage für eine gute Strukturierung ist die Agenda. Der erste und der letzte Punkt der Agenda sind fix. Punkt 1: Die To-do-Liste der letzten Sitzung. Und zum Schluss: Ein Maßnahmenplan.

Ansonsten beinhalten die Agendapunkte:

- Unternehmerische und jobbezogene Aspekte
- Informationsaustausch
- Training und Entwicklung
- Ressourcenbedarf
- Zwischenmenschliche Aspekte
- Verbesserungshindernisse
- Ziele und Meilensteine
- Karriereziele
- Feedback und Bewertung
- Persönliche Themen

Viel Aufwand – und was bringt uns das?

Studien von Prof. Kim Cameron[2] zeigen, dass die konsequente Durchführung der PMIs deutliche Zuwächse bei Mitarbeiterzufriedenheit und Effizienz bewirken. Dieser Effekt bleibt über die Zeit konstant, allerdings nur, solange diese Interviews geführt werden. Sollte man nach einigen Monaten auf den Gedanken kommen, dass nun alles Wichtige besprochen wäre, dann Achtung! Studien von Cameron mit unterschiedlichen Vergleichsgruppen zeigen, dass Teams ihre Leistungsfähigkeit durch das PMI deutlich erhöhen, dass die Leistungskurve jedoch nur oben bleibt (und sich langfristig sogar noch verbessert), solange die Gespräche geführt werden. Setzt man sie ab, geht die Performanz wieder in den Keller. In der Studie schnitt die Gruppe, in der die Gespräche nach einiger Zeit eingestellt wurden, nach drei Monaten sogar schlechter ab als vor Einführung des Instruments.

Organisationen, in denen regelmäßig PMIs durchgeführt werden, verzeichnen deutlich weniger Burnout-Fälle als Vergleichsorganisationen, bessere Werte bei Effizienz und Arbeitsklima.

Natürlich kostet ein solches Gespräch Zeit. Doch gibt es auch hierzu Aussagen von Kim Cameron: Für jede investierte Stunde Mitarbeitergespräch spart man bis zu acht Stunden Arbeitszeit, die sonst üblicherweise mit Nachfragen, Fehlermanagement, nachträglichen Absprachen, Entscheidungsverzögerungen, Konflikten und Missverständnissen verbringt. Es lohnt sich also!

[2] Cameron, Kim: Vortrag anlässlich der Seligman Positive Psychology Europe Tour 2016, 8. Juli 2016, Wien

2.4 Management by walking around

»Führen ist auch dienen!«
(Gunther Schmidt)

In größeren Strukturen und hoher Mitarbeiterzahl ist es manchmal nicht möglich, wöchentlich mit den einzelnen Mitarbeitern Gespräche zu führen. Es wäre sinnvoll, hier Zwischenebenen einzuziehen. Sollte auch das nicht möglich sein, hilft die Management-Technik des Herumwanderns, um Präsenz zu zeigen. Nehmen Sie sich täglich eine Stunde Zeit, um einmal durch Ihren Geschäftsbereich zu gehen, alle Mitarbeiter persönlich zu begrüßen, ein paar Worte zu wechseln und Informationen auszutauschen. Bleiben Sie auch mal stehen und beobachten Sie die Reaktionen. Hat jemand eine Frage? Weicht jemand aus? Sucht jemand den Kontakt? Reagieren Sie entsprechend konstruktiv und wertschätzend. Wer einfach nur einmal durchrauscht, hat das Prinzip nicht verstanden. Wenn Sie durch Ihre Abteilung gehen, fungieren Sie als Radar für Stimmungen und Richtungen.

Die Kernfragen

Als Radar erkennen Sie frühzeitig kritische Situationen und Prozesse. Dabei geht es meist um Kommunikation, Einfluss und Motivation. Die spannenden Fragen lauten nach dem Wirtschaftswissenschaftler Kim Cameron:

- Wer gibt welche Informationen an wen?
- Wer erhält welche Informationen von wem?
- Wer beeinflusst wen?
- Wer wird durch wen beeinflusst?
- Wer gibt Energie in das System hinein – mit seiner Motivation, Freude und Begeisterung?
- Wer wird durch diese Energie angesteckt?

Mit der Beantwortung dieser Fragen entdecken Sie ein komplexes Netzwerk sozialer Beziehungen in Ihrer Abteilung, mit denen Sie arbeiten können. Achten Sie dabei vor allem auf den Energieeinsatz:

- Unterstützen Sie diejenigen, die positive Energie in die Abteilung und in die Arbeit hineinbringen. Bestätigen Sie diese Personen in ihrem Tun und Denken.
- Wo geht Energie verloren? Was frisst Energie? Überlastung und Überforderung, Streit, Konflikte, unklare Ziele, Verzögerungen, Missverständnisse – steuern Sie hier bewusst gegen.
- Sorgen Sie dafür, dass Sie ein positiver Energieträger sind, schauen Sie positiv auf das Ganze. Erinnern Sie sich noch an die Positivity-Ratio 3:1: Das Verhältnis positiver zu negativen Kommunikationsbotschaften sollte deutlich zu Gunsten der positiven Nachrichten gehen! Kim Cameron empfiehlt sogar 5:1. Jetzt beginnen Sie nicht zu zählen und aufzurechnen. Fokussieren Sie Ihre Aufmerksamkeit auf Gelingen und Erfolge, auf Stärken und Ressourcen, auf Lösungen und Alternativen.

2.5 Wenn Energien fließen

»Führen heißt vor allem,
Leben in den Menschen wecken,
Leben aus ihnen hervorlocken.«
(Anselm Grün)

Warum ist positive Energie so wichtig? Ihre positive Energie hat nachgewiesenermaßen (Owens, Baker & Cameron, 2010) einen guten Einfluss auf Job-Zufriedenheit, Wohlbefinden, Engagement, Leistung und bereichert darüber hinaus auch das Privatleben der Mitarbeiter.

Wenn wir von Energien sprechen, was ist damit eigentlich gemeint? Kennen Sie das Gefühl, sich nach einem langen und schwierigen Gespräch wie ausgelaugt vorzukommen? Da war ein Energiefresser am Werk. Doch vielleicht kennen Sie auch das Gefühl nach einer erfolgreichen Präsentation, die Begeisterung hervorgerufen hat. Hier ist positive Energie geflossen, hat Sie bereichert. Man fühlt sich wie aufgetankt. Beobachten Sie Ihr Umfeld: Gibt es Menschen in Ihrem Umfeld, bei denen Sie sich spontan wohlfühlen und deren Nähe Sie suchen? Solche Menschen sind Problemlöser, Möglichkeitensucher, sie sind authentisch und vertrauenswürdig. Sie lächeln, zeigen Lebensfreude und stiften Sinn. Andere Menschen versenken ihre Energien im Jammertal, sehen Probleme, wo andere Chancen sehen, sie strahlen Resignation und Stagnation aus. Oder sie rauben Energie durch Hyperaktionismus, Skepsis und fehlende Flexibilität im Denken. Dialoge sind wie ein mühsames Waten durch Schlick, ein Kampf im Dickicht von Dornen und Gestrüpp.

Sowohl der positive als auch der negative Energietyp können Leistungsträger sein.

Doch gerade in Veränderungsprozessen scheiden sich die Geister. Wenn Routinen verblassen, geht der eine in Resignation und der andere blüht auf.

Positive Energien haben Einfluss! Nicht nur auf die Motivation, was sich häufig gar nicht rechnen lässt, sondern auch auf den Krankenstand. So schwankt die Wahrscheinlichkeit, sich eine Erkältung einzufangen, in Abhängigkeit von der subjektiven Befindlichkeit. In einem Experiment (Cohen & Pressmann, 2006) konnte nachgewiesen werden, dass Menschen, die sich in einer guten Stimmung befanden, deutlich seltener eine Erkältung entwickelten, wenn sie mit einem Virus infiziert wurden, als Menschen mit mittlerer oder gar schlechter seelischer Verfassung. Positive Energien am Arbeitsplatz reduzieren also nachweislich den Krankenstand – nicht nur bei psychischen oder psychosomatischen Krankheiten, sondern auch ganz prosaisch bei der jährlichen Erkältungswelle!

Selbstreflexion »Bin ich ein positiver Energizer?«

Schätzen Sie sich zunächst selbst ein und anschließend schätzen Sie ein, was Sie sich von Ihrer Top-Führungskraft wünschen. Siehe Seiten 92/93.

Vergleichen Sie die Werte und schauen Sie, in welchen Aspekten Sie Ihr Potenzial entwickeln können. Was trennt Sie von Top-Führungskräften? Schauen Sie sich Ihre Selbsteinschätzungen mit einem Wert unter 4 an: Woran können Sie gezielt arbeiten? Je höher Ihre Werte sind, umso näher sind Sie dem Positive Leadership!

Ich						
1. Ich neige dazu, Möglichkeiten zu sehen und bin im Grunde optimistisch.	5	4	3	2	1	Ich bin skeptisch und sehe eher Probleme.
2. Ich flöße anderen Menschen Vertrauen in sich selbst ein.	5	4	3	2	1	Ich vertraue den Fähigkeiten meiner Mitmenschen nicht sehr.
3. Ich bin zuverlässig und vertrauenswürdig.	5	4	3	2	1	Ich komme manchmal meinen Verpflichtungen nicht nach.
4. Ich löse Probleme für Andere.	5	4	3	2	1	Normalerweise zeige ich keine große Initiative, wenn es um die Lösung von Problemen geht.
5. Ich helfe Anderen, aufzublühen und sich zu entwickeln.	5	4	3	2	1	Ich lasse andere manchmal nicht gut aussehen.
6. Ich lächle oft.	5	4	3	2	1	Ich lächle selten.
7. Ich zeige anderen Menschen meine Dankbarkeit und würdige ihre Leistungen.	5	4	3	2	1	Wenn ich mir eine Meinung gebildet habe, schenke ich der Sache keine Beachtung mehr.
8. Ich bin aufrichtig und authentisch.	5	4	3	2	1	Es fällt mir schwer, meine eigenen Gefühle wahrzunehmen.
9. Ich bin da, wenn es darum geht, anderen zu helfen oder sie zu unterstützen.	5	4	3	2	1	Ich halte mich fern, wenn andere Menschen Probleme haben.
10. Ich inspiriere andere Menschen und muntere sie auf.	5	4	3	2	1	Ich bin nicht so der Cheerleader-Typ.
Summe						
Gesamt:						

Was wünschen Sie sich von Ihren Top-Führungskräften?						
1. Sie sehen Möglichkeiten und sind optimistisch.	5	4	3	2	1	Sie sind skeptisch und sehen eher Probleme.
2. Sie flößen anderen Menschen Vertrauen in sich selbst ein.	5	4	3	2	1	Sie haben kein Vertrauen in die Fähigkeiten ihrer Mitmenschen.
3. Sie sind zuverlässig und vertrauenswürdig.	5	4	3	2	1	Sie kommen manchmal ihren Verpflichtungen nicht nach.
4. Sie lösen Probleme für Andere.	5	4	3	2	1	Sie zeigen keine große Initiative, wenn es darum geht, Probleme zu lösen.
5. Sie helfen Anderen, aufzublühen und sich zu entwickeln.	5	4	3	2	1	Sie lassen andere nicht gut aussehen.
6. Sie lächeln oft.	5	4	3	2	1	Sie lächeln selten
7. Sie zeigen anderen Menschen ihre Dankbarkeit und würdigen ihre Leistungen.	5	4	3	2	1	Wenn Sie sich eine Meinung gebildet haben, schenken sie der Sache keine Beachtung mehr.
8. Sie sind aufrichtig und authentisch.	5	4	3	2	1	Es fällt Ihnen schwer, die eigenen Gefühle und Gedanken in Worte zu fassen.
9. Sie sind da, wenn es darum geht, anderen zu helfen oder sie zu unterstützen.	5	4	3	2	1	Sie halten sich fern, wenn es Probleme gibt.
10. Sie inspirieren andere Menschen und muntern sie auf.	5	4	3	2	1	Sie sind nicht gerade die Cheerleader-Typen.
Summe						
Gesamt:						

Quelle: frei übersetzt nach Kim Cameron

2.6 Stärkenorientierte Führung

»Wähle einen Beruf, den du liebst,
und du brauchst keinen Tag
im Leben mehr zu arbeiten.«
(Konfuzius)

Personalentwicklung ist in vielen Unternehmen – und auch in den Köpfen vieler Menschen – eher defizitorientiert. »Wo liegen meine Schwächen? Wie kann ich sie ausmerzen?« Doch wie sinnvoll ist dieses Vorgehen eigentlich? Macht es wirklich Sinn, jemandem, der sportlich eher untalentiert ist, zum Leistungssportler zu erziehen? Oder einen zutiefst unmusikalischen Menschen mit Geigenunterricht zu traktieren? Sollte man nicht lieber die individuellen Stärken nutzen und weiterentwickeln? Höchstleistungen entstehen da, wo Talent, Wissen und Übung in Einklang stehen.

Stärkenorientierte Führung stellt deshalb die Stärken und Talente des Einzelnen in den Mittelpunkt.

Nach Creusen et al. (2012) beruht der stärkenorientierte Ansatz der Führung auf drei Säulen:

- Menschen sollten ihre Stärken kennen und die Möglichkeit haben, diese sinnvoll einzusetzen.
- Die Aufgaben müssen den Fähigkeiten des Mitarbeiters entsprechen, so dass er in den Zustand des Flow gelangen kann. Hier vergisst man Zeit und Raum und geht selbstvergessen in seiner Arbeit auf. Dieser Zustand stellt sich dann ein, wenn die Herausforderungen der Aufgabe dem Kompetenzniveau entspricht.
- Die Aufgaben müssen sinnvoll sein. Das heißt, der Mitarbeiter erkennt die Sinnhaftigkeit seines Tuns und kann persönliche Bedürfnisse und die Bedarfe des Unternehmens in Einklang bringen.

In den letzten Jahren wurden unterschiedliche Stärkenmodelle entwickelt. Die Bekanntesten dürften der Strengthfinder® von Gallup (2001) und das Modell der Charakterstärken von Peterson & Seligman (2004) sein.

Der Strengthfinder®

Nach Buckingham & Clifton (2007) sind Talente persönliche Gedanken-, Gefühls- und Verhaltensmuster. Sie steuern, wie wir Situationen wahrnehmen, interpretieren und spontan reagieren. Der Eine ist eher unternehmungslustig und kontaktfreudig, geht gerne auf Menschen zu und findet sich in sozialen Situationen schnell zurecht. Ein Anderer ist eher Kopfmensch, analysiert Situationen und versucht zunächst einmal für sich selbst einen Überblick zu finden. Ein Dritter schafft zunächst einmal Struktur und Ordnung in das Wahrgenommene. Jedes Verhaltensmuster kann als potentielle Stärke wahrgenommen werden, wenn das Talent sinnvoll und mit Wissen angereichert ausgeübt wird. So lassen sich Talente zu Stärken entwickeln.

Stärke = Talent x (Wissen + Fertigkeit)

Der von Gallup entwickelte Strengthfinder® (Buckingham & Clifton, 2001) bietet die Möglichkeit, seine individuellen Talente zu entdecken und zu Stärken zu entwickeln. Es werden vier verschiedene Talent-Schwerpunkte definiert.

- Beziehungsstärken
- Einflussnahme
- Umsetzungsstärken
- Kognitive Stärken

Die Stärken im Strengthfinder®

Unter Beziehungsstärken fallen Anpassungsfähigkeit, Entwicklung, Verbundenheit, Einfühlungsvermögen, Harmoniestreben, Integrationsbestreben, Einzelwahrnehmung, Positive Einstellung und Bindungsfähigkeit.

Stärken der Einflussnahme sind Tatkraft, Autorität, Kommunikationsfähigkeit, Wettbewerbsorientierung, Höchstleistung, Selbstbewusstsein, Bedeutsamkeit und Kontaktfreudigkeit.

Umsetzungsstärken sind Leistungsorientierung, Arrangeur, Überzeugung, Gleichbehandlung, Behutsamkeit, Disziplin, Fokus, Verantwortungsgefühl und Wiederherstellung.

Kognitive Stärken umfassen Analytisches Denken, Kontext, Zukunftsorientierung, Vorstellungskraft, Ideensammler, Intellekt, Wissbegierde und Strategisches Denken.

Man kann über einen internetgestützten Test[3] seine fünf am höchsten ausgeprägten Stärken feststellen. Mit diesen wird gearbeitet:

- Wie kann ich meine Stärken sinnvoll einsetzen?
- Wie spielen meine Stärken zusammen?
- Wie kann ich meine Stärken weiter entwickeln?

Es gibt bereits einige Unternehmen, die stärkenorientiert führen und damit die Erfahrungen machen, dass Mitarbeiter motivierter sind und bessere Leistungen erbringen, wenn sie ihre Stärken einbringen können. Sowohl die Führungskräfte als auch die Mitarbeiter beschäftigen sich mit ihren Stärkenprofilen und überlegen gemeinsam, wie sie ihre Stärken in der Arbeit und im Team einbringen können. Die gemeinsame Diskussion im Team führt zu einem höheren Verständnis von Unterschieden in den Haltungen und Arbeitsweisen der Einzelnen und trägt damit auch zu Toleranz bei.

Das Modell der Charakterstärken

Peterson & Seligman (2004) sehen Stärken als Teil der Persönlichkeit. Diese Charakterstärken bilden einen Ressourcenpool, auf den wir in schwierigen Situationen ganz selbstverständlich zurückgreifen können. Wenn wir uns in unseren Stärken bewegen, erleben wir Momente des Flow. Die Dinge gehen leicht von der Hand, die Tätigkeit macht Freude. In den Stärken steckt positive Energie.

Sie benennen 24 Charakterstärken in sechs unterschiedlichen Schwerpunkt-Bereichen.

Weisheit und Wissen

Kreativität, Neugier, Offenheit, Lernbereitschaft

---

[3] Über einen Zugangscode bekommt man Zugang zum Test. Diesen findet man beispielsweise im Buch »Entdecken Sie Ihre Stärken jetzt!« von Buckingham & Clifton

Humanität

Beziehungsfähigkeit, Freundlichkeit, soziale Kompetenz

Mut

Ausdauer, Tapferkeit, Integrität, Lebenskraft

Gerechtigkeit

Teamwork, Fairness, Führungsstärke

Mäßigung

Bescheidenheit, Demut, Selbstregulation

Transzendenz

Sinn für das Schöne, Dankbarkeit, Hoffnung, Humor, Spiritualität

Stärkenorientiert Führen heißt, die Stärken der Mitarbeiter zu entdecken und zu fördern. Der positive Effekt: Der Mitarbeiter fühlt sich in seiner Persönlichkeit gewürdigt und erfährt Wertschätzung. Das stärkt ihn persönlich und auch in seiner Leistungsfähigkeit. Er bekommt die Möglichkeit, seine individuellen Stärken auszuleben. Wie Sie Ihre Stärken und die Ihrer Mitarbeiter entdecken können, dazu finden Sie auf Seite 99 hilfreiche Tipps.

Dabei bedeutet das Motto »Stärken stärken« nicht unbedingt, jede Stärke maximal zu nutzen. Es geht um »optimale Nutzung« der einzelnen Stärken (Niemiec, 2014, 2017), um Balance.

Wichtige Regeln zur optimalen Nutzung der Charakterstärken

- Jede der 24 Charakterstärken kann potentiell übertrieben werden. Dann wird beispielsweise Tapferkeit zu Leichtsinn, Demut zu Unterwerfung, Führungsstärke zu Beherrschung und Manipulation.
- Jede Stärke kann in der Ausprägung auf einem Kontinuum gesehen werden. In der Mitte dieses Kontinuums liegt die optimale Ausprägung, an den Enden »underuse« (Nichtausschöpfung) und »overuse« (Überbeanspruchung). Balance bedeutet, eine Stärke optimal auszuschöpfen, nicht, sie brach liegen zu lassen oder zu übertreiben.
- Wenn eine Stärke übertrieben wird, ist sie nicht länger eine Stärke.

- Wird eine Stärke übertrieben eingesetzt, kann das einerseits in der Persönlichkeit des Einzelnen liegen oder auch in der Unangemessenheit in einer bestimmten Situation. Bei Balance geht es also auch darum, den Kontext einzubeziehen.
- Besonders die ausgeprägtesten Stärken, die sogenannten Signaturstärken des Einzelnen, können auch einmal übertrieben werden, denn sie werden automatisch abgerufen und mit Leidenschaft ausgeführt. Es geht bei Balance also auch um den bewussten Einsatz der eigenen Stärken.
- »Overuse« wird dann zum Problem, wenn der Einsatz der Charakterstärke zu negativen Gefühlen bei einem selbst oder auch bei anderen führt. Zum Beispiel kann exzessive »Ausdauer« zu gesundheitlichen Problemen führen, wenn man die eigenen Grenzen nicht erkennt und sich selbst und andere überlastet. Dagegen hilft die Stärkung von Achtsamkeit und Selbstgespür.
- Die Charakterstärken können sich gegenseitig regulieren und so einseitige Übertreibungen vermeiden helfen. Es ist also wichtig, nicht nur einseitig einzelne Stärken zu betrachten, sondern mit dem ganzen Stärkenprofil zu arbeiten.

Die eigenen Stärken in einem optimalen Umfeld und in einer angemessenen Ausprägung leben zu können, ist die Basis für Wohlbefinden, Flow-Erleben. Dem Mitarbeiter das zu ermöglichen ist der Inhalt stärkenorientierter Führung.

Schaffen Sie als Führungskraft den angemessenen Kontext, in dem Stärken sinnvoll eingebracht werden können, und reflektieren Sie gemeinsam mit dem Mitarbeiter, wie er sich hier entfalten kann. Bleiben Sie im Gespräch und geben Sie angemessen Feedback, wenn Sie Dysbalancen wahrnehmen. Das PMI ist dafür der richtige Rahmen.

Selbstreflexion

Welche sind Ihre Stärken? Schauen Sie sich die Stärken an und denken Sie darüber nach, ob die Aussagen für Sie zutreffen.

Stärke	Beschreibung
Kreativität	Es fällt mir leicht, neue und effektive Wege zu finden, um Dinge neu oder anders zu tun.
Neugier	Ich habe großes Interesse an meiner Umwelt und sammele gerne neue Erfahrungen.
Urteilsvermögen	Ich mag es, Dinge zu durchdenken und von allen Seiten zu betrachten.
Liebe zum Lernen	Ich habe Freude daran, neue Techniken zu erlernen und mir Wissen anzueignen.
Weisheit	Ich werde oft um Rat gefragt und kann dann meist auch helfen.
Ausdauer	Wenn ich etwas angefangen habe, bringe ich es auch zu Ende.
Enthusiasmus	Ich begegne der Welt mit Begeisterung und Energie.
Freundlichkeit	Ich gehe wertschätzend mit Menschen um und mag es, wenn ich anderen helfen kann.
Bindungsfähigkeit	Es ist eine besondere Fähigkeit von mir, menschliche Nähe herstellen zu können.
Soziale Intelligenz	Ich habe ein Gespür für Gefühle und Motive und passe mich gut sozialen Situationen an.
Teamwork	Ich liebe es, Teil eines Teams zu sein.
Fairness	Mir ist es wichtig, dass alle Menschen nach dem Prinzip der Gleichheit und Gerechtigkeit behandelt werden.
Führungsvermögen	Ich bin ein guter Organisator und habe Freude daran, Gruppenaktivitäten zu ermöglichen.
Vergebungsbereitschaft	Es fällt mir leicht, denen zu vergeben, die einem Unrecht getan haben.
Bescheidenheit	Ich lasse gerne das Erreichte für sich sprechen und kann eigene Fehler zugeben.
Dankbarkeit	Ich bin mir der guten Dinge bewusst und weiss sie zu schätzen.

Fortsetzung auf Seite 99

Stärke	Beschreibung
Authentizität	Ich bin mir und anderen gegenüber aufrichtig und bleibe meinen Prinzipien treu.
Vorsicht	Ich bemühe mich, nichts zu tun oder zu sagen, das ich später bereuen könnte.
Spiritualität	Ich glaube an einen höheren Sinn und Zweck unseres Lebens. Das gibt Kraft.
Humor	Ich lache viel und bringe auch andere zum Lächeln.
Sinn für das Schöne	In allen Lebensbereichen kann ich Schönheit wahrnehmen und weiß sie zu schätzen.

Reflexionsfragen:

Welche Stärken sind Ihre größten Stärken?

____

____

____

Wo setzen Sie Ihre Stärken ein? Wie können Sie sie nutzen?

____

____

____

Bezogen auf Ihr Führungsverhalten: Welche Stärken zeichnen Ihre Mitarbeiter aus? Woran machen Sie das fest?

____

____

____

3 Sich selbst und andere stärken – die Kunst der Selbstführung

3.1 Zehn Möglichkeiten, sich persönlich zu stärken

»Nur wenige Führungskräfte sehen ein,
dass sie letztlich nur eine einzige Person
führen können und auch müssen.
Diese Person sind sie selbst.«
(Peter Drucker)

Schwierige Situationen bringen Führungskräfte oft auch an die eigenen Grenzen. Man hadert mit sich und seiner Umwelt, zweifelt an sich selbst, stellt möglicherweise gar die eigene Eignung für den Job infrage. Manche haben Schwierigkeiten, die Probleme im Unternehmen zu lassen und nehmen sie mit in den privaten Alltag. Ungeduld in der Familie und Grübelkreisläufe in der Nacht können der Preis für Führung sein. Dementsprechend sollte man neben der Führung der Abteilung nicht die Selbstführung vernachlässigen.

Es gibt viele wunderbare Möglichkeiten, sich selbst zu stärken und den Ressourcenpool aufzufüllen. Wir stellen Ihnen zehn vor:

1. Lernen Sie Ihre Stärken kennen
2. Setzen Sie Ihre größten Stärken bewusst ein
3. Erzählen Sie Ihre Erfolgsstory
4. Zeigen Sie Dankbarkeit
5. Bemerken Sie drei gute Dinge täglich
6. Vergeben befreit
7. Gönnen Sie sich ein Genussprogramm
8. Kommunizieren Sie aktiv-konstruktiv
9. Machen Sie ihren Mitmenschen Komplimente
10. Tun Sie anderen etwas Gutes

Zu jedem dieser Punkte finden Sie im Folgenden einfache Reflexionsfragen und Übungen. Entwerfen Sie Ihr eigenes Selbstwachstum-Programm und stärken Sie Ihr psychologisches Kapital (Luthans & Youssef, 2004) für Ihre Führungsaufgabe: Selbstwirksamkeit, Hoffnung, Optimismus und Widerstandskraft. Das ist wichtig, denn Neue Autorität kann man sich nicht einfach anlesen. Es ist eine Frage der inneren Haltung und der persönlichen Souveränität. Gerade der Stress – und machen wir uns nichts vor: die Führung schwieriger Mitarbeiter ist Stress pur – holt schnell alte Reflexe und ungute Muster hervor, die nicht unbedingt zielführend sind. Im stillen Kämmerlein lässt sich trefflich über Deeskalation und Wachsame Sorge reden, doch »wenn die Luft brennt«, ist einem dann doch mehr nach Kampf oder Flucht zumute. Stärken Sie sich also für solche Lebenslagen, bauen Sie sich einen Ressourcenpool auf, den Sie nutzen können, schöpfen Sie Energie aus einer positiven Haltung. Diese gibt Ihnen die Kraft, Ihre Mitarbeiter in Gelassenheit zu unterstützen und Aufwärtsspiralen zu initiieren.

Sie werden merken, dass Ihnen die nachfolgenden Übungen gut tun. Manche werden Ihnen leicht fallen und angenehm sein, andere eher schwierig oder lästig. Doch auch hier sind Sie herzlich eingeladen auszuprobieren und die eigenen Muster zu brechen. Wir haben hier die schönsten und praktischsten Übungen der Positiven Psychologie für Sie gesammelt.

Für Sie und Ihre Mitarbeiter! Deshalb finden Sie bei den Unterpunkten auch Hinweise und Tipps, wie Sie die Übungen in Ihre Führungsarbeit integrieren können – noch mehr Wege hin zu Positive Leadership.

3.2 Lernen Sie Ihre Stärken kennen

»Die Kernkompetenz von Führung ist Charakter.«
(Warren Bennis)

Machen Sie sich bewusst, was Sie besonders gut können und auch gerne machen. Gehen Sie in Kontakt zu Ihren Stärken. Können Sie gut kommunizieren, Beziehungen aufbauen? Oder liegt Ihre Stärke mehr im Lernen und der Kreativität? Können Sie sich auf das Schöne im Leben fokussieren? Das Bewusstsein der eigenen Stärken ermöglicht es, die eigenen Fähigkeiten und Talente für Lösungen zu aktivieren.

Eine ausführliche Einschätzung Ihrer Charakterstärken bietet der an der Universität Zürich entwickelte Charakterstärkentest »Values in action«, kurz VIA-IS. Sie können diesen und andere spannende Tests aus der Positiven Psychologie kostenlos ausfüllen und auswerten lassen auf der Internseite der Uni Zürich: www.charakterstaerken.org. Der deutschsprachige Test ermöglicht Ihnen einen guten Einblick in Ihr persönliches Stärkenprofil, indem er die 24 von Seligman & Peterson beschriebenen Charakterstärken (siehe S. 95) in eine Rangfolge bringt. Die drei Stärken mit der höchsten Ausprägung gelten als Signaturstärken. Sie sind für den Menschen wesentliche Ressourcen.

Eine andere Möglichkeit der Annäherung ist die Arbeit mit Stärkenkarten.[4] Hier kann man über Bilder und Schlüsselaussagen seine eigenen Stärken identifizieren und greifbar machen.

Erfreuen Sie sich an Ihren Stärken. Diese machen Sie zu etwas ganz Besonderem.

Best-self – Element Positiver Führung

Laden Sie Ihre Mitarbeiter ein, sich sechs bis acht (es können gerne auch mehr sein) Kollegen, Freunde, Verwandte auszusuchen und ihnen folgende Fragen zu stellen:

- Was schätzt du an mir am meisten?
- Welche Stärken siehst du bei mir?

---

[4] Stärkenbox: 24 Stärkenkarten im Format A6 über www.andrearevers.de

Tragen Sie selbst aktiv dazu bei und beantworten auch Sie Ihrem Mitarbeiter diese Fragen. Beobachten Sie, was Ihre Worte beim Gegenüber auslösen.

Ermutigen Sie ihn, aus den Antworten aller Befragten sein Stärken-Portfolio zu erstellen und Ihnen zu zeigen. Sprechen Sie konstruktiv mit ihm, wie und wo er diese Stärken einsetzen möchte.

3.3 Setzen Sie Ihre größten Stärken bewusst ein

»Selbstvertrauen ist die erste Voraussetzung für große Vorhaben.« (Samuel Johnson)

Wenn Sie sich mit Ihren Stärken beschäftigt haben, wissen Sie nun auch, welche Stärken Ihre größten Stärken sind. Nehmen Sie sich bewusst Aktivitäten vor, in denen Sie diese Stärke einsetzen und spüren können. Das hilft Ihnen, in den Flow zu kommen. Denn Flow entsteht da, wo Anforderung, Kompetenz und Motivation in Einklang stehen.

Mein Projekt

Überlegen Sie sich ein Projekt, bei dem Sie Ihre Kernstärke voll zum Einsatz bringen können. Das kann etwas Soziales sein, etwas Handwerkliches, etwas Kreatives. Es sollte Ihnen viel Freude machen und darüber hinaus ein kleines Stückchen größer sein, als Sie selbst.

Führen Sie regelmäßig Tagebuch über den Projektstatus, die kleinen und großen Meilensteine und dokumentieren Sie die Freude, die Sie empfunden haben. Genießen Sie den Flow im Tun.

Stärken einbinden – Element Positiver Führung

Spitzenleistung erreicht man da, wo man Talente und Stärken hat. Binden Sie dementsprechend die Stärken Ihrer Mitarbeiter in die Arbeitsorganisation ein und bauen Sie so ein Netzwerk positiver Energie. Ermutigen Sie Ihre Mitarbeiter, ihre Stärken zu entdecken und diese auch im Arbeitsalltag oder in Projekten sinnvoll einzusetzen. Die Integration der eigenen Stärken in die aktuelle Tätigkeit oder die zukünftige Entwicklung ist auch ein gutes Thema für das Positive Mitarbeiterinterview!

3.4 Erzähle deine Erfolgsstory ...

»Sich des Erfolges freuen ist etwas anderes als ihn für sich in Anspruch nehmen«.
(Dag Hammarskjöld)

Machen Sie sich klar, was Sie alles im Leben schon erreicht haben. Einiges müssen Sie richtig gemacht haben, sonst wären Sie nicht da, wo Sie heute sind. Feiern Sie Ihre kleinen und großen Erfolge.

Pflegen Sie Ihr Erfolgsalbum!

Wie Sie das machen, überlassen wir Ihrer Kreativität. Vielleicht suchen Sie sich ein ganz besonderes Notizbuch, in das Sie Ihre Erfolge notieren, vielleicht ist es auch eine Textdatei, die Sie regelmäßig fortschreiben.

Schritt 1: Der Blick zurück

Schauen Sie sich Ihre Biografie an. Welche Schritte haben Sie zurückgelegt?

Stichwort »Das Leben meistern«: Das Elternhaus verlassen, die eigene Wäsche waschen, auf eigenen Füßen stehen, finanzielle Unabhängigkeit von Anderen, wichtige Beziehungen aufgebaut, Familie gegründet ...

Stichwort »Etwas geleistet«; Schulische Erfolge, außerschulische Erfolge z. B. im Sport, in der Musik, Berufsausbildung, Projekte, Karrierestufen im Job ...

Stichwort »Schwierigkeiten gemeistert«: Umgang mit dem Schicksal, Rückschläge, Misserfolge und wie man damit umgegangen ist, Lern- und Wachstumserfahrungen ...

Schreiben Sie einzelne Episoden auf, nicht nur in Stichworten, sondern in ganzen Sätzen. Beschreiben Sie die Gefühle, die Sie damals verspürt haben. Was hat Sie befähigt, diese Dinge zu tun, die Ziele zu erreichen, die Erfolge zu feiern? Kennen Sie die Redewendung »Stell dein Licht nicht unter den Scheffel!«? Genau! Nehmen Sie den Scheffel von Ihrem Licht und richten Sie den Scheinwerfer darauf! Seien Sie getrost stolz auf sich.

Wenn Sie mögen, können Sie Ihr Erfolgstagebuch mit Erinnerungsstücken und Fotos anreichern, mit passenden Zitaten und Zeichnungen.

Schritt 2: Führen Sie ein Erfolgstagebuch

Jetzt dürfen Sie ruhig auch kleinteilig werden! Überlegen Sie sich einmal im Monat: Was ist gut gelaufen? Was ist mir gut gelungen? Was war das Besondere daran? Feiern Sie die großen Schritte ebenso wie auch die kleinen!

Schritt 3: Ressourcen nutzen und Resilienz entwickeln

Wenn Sie merken, dass Sie vor einer schwierigen Situation stehen, lesen Sie in Ihrem Erfolgstagebuch und spüren Sie Ihren Stärken nach.

Reflexionsfragen: Wo waren Sie richtig stolz auf sich? Was ist da passiert? Wie ging es Ihnen dabei? Wie geht es Ihnen jetzt, wenn Sie Ihrem Erfolg nachspüren?

Feiere den Erfolg der Anderen – Element Positiver Führung

Zeigen Sie auch anderen, was Sie in Ihnen sehen.

Sprechen Sie Ihren Mitarbeiter an: Diese drei Dinge schätze ich ganz besonders an Ihnen ..., weil ...

Beobachten Sie die Reaktionen. Was geschieht mit dem Mitarbeiter? Und wie geht es Ihnen dabei?

3.5 Dankbarkeit strahlt zurück

Dankbare Menschen sind die fruchtbarsten Felder, denn sie geben das Empfangene zehnfach zurück.«
(August von Kotzebue)

Seien Sie dankbar, für das, was Ihnen widerfahren ist, was Menschen für Sie tun und sprechen Sie diesen Dank auch aus. Sie werden merken, wie Menschen sich über diese Ansprache freuen und welche positiven Energien das entfaltet.

Übung Dankbarkeitsliste

Nehmen Sie sich einmal die Zeit und schreiben Sie auf, wofür Sie in Ihrem Leben dankbar sein können! Denken Sie an die unterschiedlichen Lebensbereiche: Familie, Eltern, Kinder, Partner, Gesundheit, besondere Erfahrungen, die Sie gemacht haben, Lebensumstände, glückliche Erlebnisse, Erfolge, Arbeit, Wohlstand, Materielles und Immaterielles, Erfolge die Sie feiern durften und Missstände, vor denen Sie bewahrt wurden, das Land, in dem Sie leben, Ihre Nachbarn und Freude und vieles mehr. Beginnen Sie aufzuschreiben und schalten Sie den inneren Kritiker ab. (Ein Bekannter schrieb beispielsweise ganz oben auf seine Liste: Die Erfindung des WC! – Prioritäten sind etwas sehr Subjektives!) Vielleicht werden Sie erstaunt sein, was Ihnen dazu noch alles einfällt.

Achten Sie beim Nachdenken und Aufschreiben darauf, wie Sie sich fühlen. Was lösen diese Gedanken bei Ihnen aus? Wie fühlt es sich an, wenn Sie sich Ihre Liste anschauen?

Heben Sie diese Liste auf. So können Sie sich in schwierigen Zeiten selbst stärken. (Quelle: von Münchhausen, 2006)

Das Zehn-Finger-Ritual

Beginnen Sie den Morgen mit einem kleinen Ritual zur Einstimmung auf den Tag: Zählen Sie an jedem Finger eine Sache auf, für die Sie heute Morgen dankbar sind. Das mögen grundsätzliche Dinge sein, die nahezu täglich bei Ihrer Aufzählung wiederkehren – wie die Familie, die erfüllende Arbeit oder Ihre Gesundheit – und auch Dinge wie bevorstehende Ereignisse, der Kaffeeduft im Haus, der Sonnenschein oder die Träume der letzten Nacht. (Quelle: von Münchhausen, 2006)

Der Dankbarkeitsbrief

Tauchen Sie in Ihre Vergangenheit. Gab es Menschen, die Sie besonders unterstützt haben? Die vielleicht Weichen gestellt haben, die sich für Sie als wichtig erwiesen? Menschen, die Sie inspirierten? Suchen Sie sich einen Menschen aus und schreiben Sie ihm einen Dankbarkeitsbrief. Formulieren Sie, was dieser Mensch für Sie getan hat und was Ihnen das bedeutet. Lassen Sie ihn daran teilhaben, was er für Sie bewirkt hat.

Vielleicht merken Sie bereits beim Formulieren, wie gut Ihnen die Gedanken tun, wenn Sie sich bewusst machen, wie reich Sie durch diesen Menschen beschenkt wurden.

Wenn Sie den Brief geschrieben haben, schicken Sie ihn ab. Noch besser: Bringen Sie ihn persönlich vorbei und lesen Sie ihn Ihrem Mitmenschen vor. Teilen Sie Ihre Freude.

Dankbarkeit zeigen – Element Positiver Führung

Dankbarkeit geht im Alltag schnell unter. Manchmal wird sie vergessen, manchmal gar nicht bemerkt und manchmal ist es eine ziemlich hohle Höflichkeitsfloskel. Äußern Sie Dankbarkeit bewusst, nehmen Sie sich die Zeit dafür, schauen Sie dem Gegenüber in die Augen und sprechen Sie ihren Dank mit innerer Überzeugung.

Eine Alternative dazu sind »Dankbarkeitskärtchen«. Das sind kleine Kärtchen im Visitenkartenformat, auf denen schlicht »Danke« steht und die auf der Rückseite Raum haben für persönliche Worte der Dankbarkeit. Verteilen Sie diese großzügig, jedoch nicht nach dem Gießkannenprinzip. Bleiben Sie aufrichtig und echt!

3.6 Bemerken Sie drei gute Dinge täglich

Man sieht oft etwas hundert Mal, tausend Mal,
ehe man es zum allerersten Mal wirklich sieht.
(Christian Morgenstern)

Sehen Sie das Glas halb voll oder halb leer? Manchmal ist man vor lauter Elend nur noch auf das nächste Katastrophenszenario fokussiert. Da sieht man nur noch halbleere Gläser. Denken Sie jeden Abend darüber nach, welche drei guten Dinge Ihnen heute widerfahren sind und warum diese Dinge für Sie so positiv waren.

Glück in der Tasche

Packen Sie eine Handvoll Büroklammern oder ähnliches in Ihre linke Hosentasche und immer dann, wenn Ihnen etwas Gutes begegnet, packen Sie eine Büroklammer von der linken in die rechte Hosentasche. Abends lassen Sie die Büroklammern aus der rechten Hosentasche noch einmal an sich vorbeimarschieren. Das weckt den Blick für das Positive.

Three blessings – Glückstagebuch

Führen Sie ein Glückstagebuch. Sammeln Sie die glücklichen Momente des Tages und schreiben Sie sie auf. Meist hat man schnell wieder vergessen, was einem am Tag Gutes widerfährt. Deshalb lohnt es sich, die kleinen Glücksmomente zu sammeln und reflektieren: Wie ging es mir dabei? Wie hat sich das Glück angefühlt? Was war so Besonders an diesem Moment? So können Sie am Wochenende – oder auch einfach in kritischen Momenten – bei der Lektüre ein wenig Glück tanken und Ihre Ressourcen aktivieren. Einen Vorschlag für Ihr Glückstagebuch finden Sie auf Seite 111.

Das Gute sehen – Element Positiver Führung

Wo die Aufmerksamkeit ist, geht die Energie hin. Wenn Sie den Blick nur auf das Negative richten, auf Defizite und Fehler, dann geht viel

Energie verloren bei der Suche nach Schuldigen und Rechtfertigungsbestrebungen. Verstärken Sie das Gelingende und richten Sie den Blick auf konstruktive Lösungen. So erzeugen Sie win-win-Situationen – für sich selbst, für Ihre Mitarbeiter und für Ihr Unternehmen. Sollte mal etwas schief gegangen sein, machen Sie daraus eine Lernchance: Was ist gelungen? Was sollten wir auf jeden Fall beibehalten? Was sollten wir anders machen? Was haben wir gelernt? Achten Sie dabei darauf, das Positive nicht zu vernachlässigen.

Mein Glückstagebuch

Was war das Besondere am heutigen Tag?

____

____

Welche kleinen positiven Momente habe ich gespürt?

____

____

Wofür konnte ich heute dankbar sein?

____

____

Wem habe ich heute Freude bereitet?

____

____

Ich fühle mich:

____

____

3.7 Vergeben befreit

»Wenn man jemandem alles verziehen hat,
ist man mit ihm fertig.«
(Sigmund Freud)

Seien Sie nicht nachtragend. Wenn Sie sich nachhaltig über einen anderen Menschen ärgern, weil er Ihnen ein Unrecht zugefügt hat, leiden Sie und nicht der Andere – und zwar gleich doppelt: einmal direkt durch das begangene Unrecht, das zweite Mal, weil Sie ihm gestatten, Ihre Gefühle nachhaltig zu beeinträchtigen. Ein bewusster Akt des Vergebens ermöglicht es Ihnen, mit einer Situation abzuschließen und sich konstruktiv der Zukunft zuzuwenden. Der innere Akt des Vergebens folgt dann mit etwas Abstand.

Der Vergebungsbrief

Gibt es einen Menschen in Ihrem Leben, der Ihnen wirklich Schaden zugefügt hat? Dann schreiben Sie diesem Menschen einen Brief, in dem Sie ihm vergeben. Versuchen Sie dabei, auch den Menschen zu verstehen, seine Beweggründe, seine Absichten, seine Probleme. Wechseln Sie bewusst auch die Perspektive. Das wird Ihnen an manchen Stellen schwer fallen. Vielleicht kommt auch der Gedanke hoch: »Ich will gar nicht vergeben! Für mich ist es gut so!« Spüren Sie dann den eigenen Gefühlen nach. Tut Ihnen der Gedanke gut? Oder kommt nun doch die Wut, der Zorn, die Trauer oder auch die Angst wieder hoch? Vergebung dient in erster Linie Ihnen selbst! Aus dem Perspektivenwechsel, dem Suchen nach Gründen, entsteht innerer Abstand. Schreiben Sie den Brief zu Ende. Formulieren Sie explizit: »Ich vergebe dir, weil ...!«

Üblicherweise wird dieser Brief nicht abgeschickt. Schließlich haben Sie den Brief in erster Linie für sich selbst geschrieben. Das Formulieren der Vergebung schafft eine Veränderung in den Denkmustern. Die innere Vergebung folgt mit Abstand der äußeren Vergebung.

Der Hintergrund für diese Übung ist ein besonderes Ritual der Vergebung.

Das REACH-Ritual

Recall: Rufen Sie sich den Schmerz so sachlich wie möglich ins Gedächtnis zurück.

Empathie: Versuchen Sie, die Situation aus der Perspektive des Täters zu verstehen; denken Sie an eine dafür plausible Geschichte.

Altruistisches Geschenk der Vergebung: Denken Sie an eine Situation, in der Ihnen verziehen wurde und spüren Sie der Dankbarkeit nach, die Sie damals erlebt haben.

Commit (sich festlegen): Legen Sie sich fest, indem Sie öffentlich vergeben; schreiben Sie ein »Zertifikat der Vergebung« oder einen Verzeihungsbrief. Das schafft Verbindlichkeit.

Hold on to forgiveness (Festhalten an der Vergebung): Vergebung heißt nicht Auslöschen der Erinnerung, sondern Umettiketierung.

Dieses Ritual kann auch ein sinnvoller Schritt für Sie sein, wenn eine ungute Situation mit einem »schwierigen« Mitarbeiter lange an Ihren Nerven gezerrt hat. So können Sie innerlich Abstand gewinnen und neu beginnen.

3.8 Die Freuden des Lebens genießen

»Es geht nicht darum,
dem Leben mehr Tage zu geben,
sondern den Tagen mehr Leben«.
(Cicely Saunders)

Wenn der Tag besonders schwer war, gönnen Sie sich ein persönliches Genussprogramm und tun Sie sich etwas Gutes: Machen Sie einen Spaziergang im Grünen, lesen Sie ein gutes Buch, hören Sie Musik, begegnen Sie Freunden und/oder tun Sie etwas Schönes mit der Familie. Was immer Ihnen gerade gut tut!

Genussprogramm

Woran hatten Sie in der Vergangenheit immer viel Freude?

____

____

Welche Sachen mögen Sie besonders gerne? Was genießen Sie?

____

____

Was sind kleine Momente im Alltag, die Sie genießen und die Ihnen Energie geben können?

____

____

Mit welchen Menschen umgeben Sie sich gerne?

____

____

Entdecken Sie für sich täglich mindestens drei Dinge und spüren Sie in sich hinein, wie sich das anfühlt. Spüren Sie Ihre somatischen Marker der inneren Zufriedenheit, des Glücks und notieren Sie, was Sie spüren:

____

____

3.9 Kommunizieren Sie aktiv und konstruktiv

»Ich glaube daran, dass das größte Geschenk,
das ich von jemandem empfangen kann,
ist, gesehen, gehört, verstanden und berührt zu werden.
Das größte Geschenk, das ich geben kann,
ist, den anderen zu sehen,
zu hören, zu verstehen und zu berühren.
Wenn dies geschieht, entsteht Kontakt.«
(Virgina Satir)

Wieviel Zeit verbringen Sie in guten Gesprächen? Hören Sie wirklich empathisch zu? Interessieren Sie sich für die Gedanken und Gefühle Ihres Gesprächspartners? Im Alltag verläuft unsere Kommunikation oft eher oberflächlich: kurze Anweisungen, flapsige Bemerkungen, Small Talk, Höflichkeitsfloskeln. Gedanklich ist man möglicherweise schon woanders.

Führen Sie gute Gespräche mit Kollegen und Freunden. Konzentrieren Sie sich dabei aktiv auf Ihr Gegenüber, hören Sie bewusst zu und hin. Fragen Sie offen nach und ermöglichen Sie es Ihrem Gesprächspartner, eine (am besten: schöne) Situation noch einmal zu erleben und fühlen Sie mit ihm. Denken Sie daran: Geteilte Freude ist doppelte Freude, geteiltes Leid ist halbes Leid.

Aktiv-konstruktiv kommunizieren – Element Positiver Führung

Meist sind es die Kleinigkeiten, die Mitarbeitern sauer aufstoßen: Da wird nicht gegrüßt, Wortmeldungen ignoriert, in Gesprächen telefoniert oder Ähnliches. Solch ein Kommunikationsverhalten wird schnell als fehlende Wertschätzung interpretiert. Achten Sie auf Ihre Mitarbeiter. Grüßen Sie freundlich, zeigen Sie Aufmerksamkeit, bemerken Sie Positives, sagen Sie Danke. Heben Sie sich die gute Kommunikation nicht fürs Mitarbeitergespräch auf.

»Positive introduction« – Element Positiver Führung

Ermuntern Sie Ihren Mitarbeiter im Gespräch einmal, eine Situation zu schildern, in der er richtig gut war, etwas besonders Erfolgreiches getan hat, eine außergewöhnliche Leistung erbracht hat. Lassen Sie ihn über diese Erfahrung reden. Fragen Sie aktiv-konstruktiv nach: Wie haben Sie die Situation erlebt? Wie ist es Ihnen dabei ergangen? Wie fühlten Sie sich? Wie reagierte Ihr Umfeld? Bleiben Sie dabei unbedingt in der Wertschätzung und bei Ihrem Mitarbeiter. Die typischen Fehler:

»Das habe ich auch mal erlebt. Das war damals so: ...«

»Naja, das war jetzt aber kein so tolles Beispiel!«

»Moment, da muss ich kurz rangehen!«

Nehmen Sie sich Zeit für die Situation, stellen Sie Ihren Mitarbeiter in den Vordergrund und sich selbst zurück, aktivieren Sie Ihre Spiegelneuronen und freuen Sie sich gemeinsam mit Ihrem Mitarbeiter.

Anschließend nehmen Sie die guten Gefühle mit in die Fortsetzung des Gesprächs.

Reflexionsfragen: Wie kommuniziere ich?

Seien Sie ehrlich zu sich selbst: Wo liegen Ihre bevorzugten Reaktionsmuster? Eher aktiv oder eher passiv? Eher konstruktiv oder doch manchmal auch destruktiv? Schauen Sie sich dazu auch noch einmal die Tabelle auf Seite 76 an.

Verändert sich das je nach Gegenüber oder Situation?

Erzählen Sie in Gesprächen gerne von eigenen Erfahrungen?

Sind Sie ein guter Zuhörer?

Können Sie sich in die Perspektiven des Gegenübers hinein versetzen?

Probieren Sie bewusst die Haltung der aktiv-konstruktiven Kommunikation. Bleiben Sie beim Anderen.

3.10 Mach anderen ein Kompliment

»Von einem guten Kompliment kann ich zwei Monate leben«. (Mark Twain)

Zu den Grundbedürfnissen des Menschen zählen die Bedürfnisse nach Wertschätzung und Anerkennung. Deshalb zählt die Würdigung von Leistung, die Anerkennung von Erfolgen, zu den wichtigsten Führungsinstrumenten. Der Mensch fühlt sich wahrgenommen und wertgeschätzt. Erweitern Sie den Blickwinkel und machen Sie ab und zu einfach mal ein Kompliment. Schätzen Sie eine Mitarbeiterin besonders wegen ihrer Fähigkeit, gute Laune zu verbreiten? Sprechen Sie es an. Hat der Kollege eine besonders geschmackvolle Krawatte? Bewundern Sie sie.

Doch machen Sie die Komplimente aus vollem Herzen und mit Überzeugung und nicht etwas aus einem aufgesetzten »Heute schon gelobt?«-Prinzip. Fokussieren Sie sich bewusst auf das Gute am und im Menschen. Das verändert auch Ihre Wahrnehmung.

Ein gelungenes Kompliment verschafft ein gutes Gefühl. Es setzt positive Energien frei, steigert das Wohlbefinden und wirkt stabilisierend auf Beziehungen. Eine Schmeichelei hinterlässt dagegen schon einmal einen bitteren Nachgeschmack, man spürt die Absicht des Einschmeichelns und ist verstimmt. Wobei es durchaus Unterschiede gibt, was jemand als Kompliment gerne annimmt oder als »Einschleim-Versuch« ablehnt.

Kompliment	**Übertriebene Schmeichelei**
Der neue Haarschnitt steht Ihnen.	Sie sind hier die Schönste!
Ich fand es klasse, wie Sie gerade den Kunden am Telefon beruhigt haben.	Sie sind der Einzige hier, der das kann! Ohne Sie sind wir verloren.
Sie haben einen guten Blick für Details.	Unglaublich, was du alles bemerkst!
Ich vertraue in Ihre Fähigkeiten zur Problemanalyse!	Wenn Sie es nicht schaffen, wer soll es denn dann?

Komplimente im Job – Element Positiver Führung

Viele Mitarbeiter bemängeln, dass sie nicht genug gelobt werden, während viele Führungskräfte der Meinung sind, dass sie häufig Lob und Anerkennung aussprechen. Doch wie war das noch mit der Kommunikation? Sie definiert sich über Wirkung, nicht über Absicht! Mehr ist hier also tatsächlich mehr! Erweitern Sie also Ihr Spektrum an Anerkennung und positivem Feedback und ergänzen Sie es durch nette Komplimente.

Der Unterschied zwischen Kompliment und Schmeichelei ist ein schmaler Grat. Letzteres kommt auch schnell als »Einschleimen« rüber, wenn es hierarchisch nach oben gerichtet ist, oder auch als Kommunikationskiller, wenn es von oben nach unten kommt. Bleiben Sie auf Augenhöhe, seien Sie wohlwollend und ehrlich. Komplimente machen lernt man am besten durch Übung!

Reflexionsfragen:
Wie gut bin ich in Komplimenten?

Mit welchen Menschen bin ich gerne zusammen?

____

____

Mit welchen Menschen verbindet mich etwas Positives?

____

____

Mit welchen Menschen arbeite ich gerne zusammen?

____

____

Fallen mir äußerliche Veränderungen bei meinem Mitmenschen auf? Welche?

____

____

Bemerke ich, wenn ich Komplimente machen? Woran?

____

____

Wie leicht fällt mir ein Kompliment?

____

____

Wenn Sie ehrliche Komplimente machen wollen, spüren Sie in sich selbst hinein und seien Sie präsent im Umgang mit Anderen.

____

____

3.11 Tue anderen etwas Gutes

»Das beste Mittel, jeden Tag gut zu beginnen,
ist: beim Erwachen daran zu denken,
ob man nicht wenigstens einem Menschen
an diesem Tage eine Freude machen könne.«
(Friedrich Nietzsche)

Das Prinzip der Nächstenliebe ist in der Ethik und den meisten Religionen seit langem verankert. Doch manchmal geht dieser Gedanke im Alltag verloren. Das ist schade, denn wenn man anderen eine Freude macht, sie unterstützt, ihnen hilft, streichelt das die eigene Seele ebenso. Die altruistische Hilfe trägt den Lohn in sich. Also keine »Deals« und gegenseitige Verpflichtung! Die echte Hilfe ist selbst- und absichtslos.

Dabei geht es nicht darum, »alten Frauen über die Straße zu helfen«, sondern sich aktiv zu engagieren. Überlegen Sie sich, wie Sie sich über ehrenamtliche Tätigkeiten selbst stärken können. Mal abgesehen davon, dass die unmittelbare Konfrontation mit Leid die eigenen Prioritäten wieder zurechtrückt, werden Sie entdecken, welche innere Befriedigung durch ein Lächeln auf der anderen Seite entsteht.

Social sponsoring – Element Positiver Führung

Gutes Tun kann auch zum Unternehmensprinzip werden. Im Marketingumfeld nennt man das »social sponsoring«. Überlegen Sie sich doch mal zum nächsten Teamevent ein soziales Erlebnis. Statt Turnen im Hochseilgarten baut man gemeinsam einen Kinderspielplatz. Statt Grillfest gibt es eine Lebensmittelsammlung und ein Tag Unterstützung bei der »Tafel« oder einem anderen sozialen Hilfswerk. Schauen Sie, was thematisch für Sie und Ihre Kollegen passen könnte.

Reflexionsfragen: Gutes tun

Wann hat zuletzt jemand etwas Gutes für mich getan?

___

___

___

Wie fühlte ich mich dabei?

___

___

___

Was war mir besonders wichtig?

___

___

___

Wann habe ich zuletzt jemand etwas Gutes getan?

___

___

___

Wie fühlte ich mich dabei?

___

___

___

Wem könnte ich aktuell etwas Gutes tun? Wer könnte ein wenig Zuwendung gebrauchen? Wer benötigt aktive Unterstützung?

___

___

___

3.12 Sich und andere stärken

»Wir sind, was wir denken.
Alles, was wir sind, entsteht aus unseren Gedanken.
Mit unseren Gedanken formen wir die Welt«.
(Buddha)

Wenn Sie diese Tipps beherzigen, werden nicht nur Sie persönlich, sondern auch Ihre Mitarbeiter profitieren. Die Fokussierung auf das Gute, Stärkenorientierung und positives Denken schaffen ein völlig anderes Arbeitsklima. Es macht Sie zu einer besseren Führungskraft!

Wo die Aufmerksamkeit ist, geht die Energie hin. Wir sprachen bereits von der Positivity-Ratio. Was steckt da genauer hinter? Die beiden amerikanischen Forscher Dr. Barbara Fredrickson und Dr. Marcial Losada haben 2005 in 60 Unternehmen Geschäftsbesprechungen analysiert und die gefundenen Kommunikationsmuster mit wirtschaftlichem Unternehmenserfolg in Zusammenhang gebracht. Die überdurchschnittlich erfolgreichen Unternehmen wiesen eine Besonderheit auf: Das Verhältnis positiver zu negativer Aussagen war deutlich höher als bei weniger erfolgreichen Unternehmen. Haben erfolgreiche Unternehmen nicht schlichtweg faktisch mehr Positives zu berichten? Bei der Analyse ging es weniger um das »Was«, sondern um das »Wie« der Aussagen. Negative Aussagen sind Abwertungen, Sarkasmus, Zynismus, Entmutigungen, Vorwürfe und Geringschätzung. Sie entwerten das Gegenüber und schaffen ein demotivierendes Klima. Positive Aussagen sind Bestätigung, Wertschätzung, Ermutigung, Anerkennung, echtes Zuhören und Nachfragen. Sie erhöhen die Selbstwirksamkeit und die Offenheit für Neues.

Aus dem Verhältnis der positiven zu negativen Muster wurde die sogenannte Positivity-Ratio bestimmt. Sie betrug bei den wirtschaftlich erfolgreichen Unternehmen ca. 3:1. Der Kommunikationspsychologe John Gottman geht sogar noch weiter. Er empfiehlt für Paarbeziehungen mindestens ein Verhältnis von 5:1. Wenn man jemanden verletzt hat, reicht es deshalb nicht aus, sich einfach zu entschuldigen. Es braucht mindestens vier weitere positive Beziehungsbotschaften, bis sich ein Verhältnis wieder stabilisiert hat. Auch Kim Cameron favorisiert die 5:1-Rate.

Die Forschungen hier sind sicherlich noch nicht am Ende, doch können Sie sich merken: Um eine destruktive Bemerkung wettzumachen, brauchen Sie einige konstruktive positive Formulierungen. Mit Ihrer inneren Haltung und wertschätzenden Kommunikation sind Sie Multiplikator und Vorbild.

3.13 Passt es wirklich?

»Wer nicht manchmal das Unmögliche wagt,
wird das Mögliche nicht erreichen.«
(Max Eyth)

Wir werden manchmal gefragt, ob sich diese Art der Positiven Führung wirklich mit einem hohen Qualitätsanspruch verträgt. Kontinuierliche Verbesserungsprozesse, Six Sigma, Quali-Matrix – viele dieser Techniken sind defizitorientiert. Man schaut nicht, was gut läuft, sondern wo man sich verbessern kann. Noch höhere Qualitätsziele, noch mehr Evolution. Merzen wir die Schwächen gnadenlos aus, Selbstoptimierung als oberstes Ziel. Ja, das kann man machen. Die Motivierung erfolgt über negative Konsequenzen, der Trigger ist Angst. Kurzfristig kann das befeuern und zu Höchstleistungen treiben, langfristig jedoch nicht, denn der Mensch powert aus. Angst lässt sich langfristig nicht aufrechterhalten. Was dann folgt ist Abgestumpftheit.

Wer die Aufmerksamkeit ausschließlich auf das Negative, den Fehler, den Mangel richtet, sieht auch nur Probleme, Defizite und Mängel. Denn der Fokus folgt der Aufmerksamkeit. Vielleicht kennen Sie das: Man möchte ein neues Automodell kaufen, und schon sieht man es an jeder Straßenecke. In der Familie gibt es eine Schwangerschaft und schon wimmelt es von schwangeren Frauen. So ist es auch, wenn Sie sich auf Fehler und Mängel konzentrieren. Plötzlich sind sie überall und verbauen den Blick auf Erfolge, Stärken, Schritte zur Zielerreichung, Engagement, Qualität. Wenn Sie vergessen, diese Elemente zu würdigen, verschwinden sie, die Qualität sinkt, die Erfolge bleiben aus, die Angst vor Fehlern lähmt das System und führt in eine Abwärtsspirale. Es wird nicht gelernt, sondern vermieden!

Schaffen Sie eine Aufwärtsspirale von Entwicklung und Wachstum. Es geht um Höchstleistung! Und da ist das Bewusstsein von Konsequenz inspirierend, der Wunsch nach Verbesserung ein starker Antreiber. Erfolge begeistern und beflügeln!

Wir haben Ihnen im Verlauf des Buches zahlreiche Studien geschildert, Zusammenhänge aufgezeigt und Alternativen eröffnet. Letztendlich bleibt es an Ihnen, ob Sie sich auf unser Führungsmodell einlassen. Wenn Sie zweifeln, sollten Sie es lassen, denn Sie kennen sicherlich die Kraft negativer sich selbst erfüllender Prophezeiungen: Wenn man nicht daran glaubt, klappt es auch nicht, denn man macht es innerlich nicht mit voller Überzeugung und deshalb wirkt es auch nicht.

Doch wenn Sie den Eindruck haben, das könnte passen – herausfordernd, ja, aber machbar – dann lassen Sie sich darauf ein. Denn die Prophezeiung erfüllt sich auch, wenn sie positiv ist. Im Erfolg verstärkt sie sich selbst. Schwingen Sie ein in eine Aufwärtsspirale. Oben ist die Aussicht besser!

Zusammenfassung und Fazit

»Den guten Steuermann lernt man
erst im Sturme kennen.«
(Seneca)

Neue Autorität ist ein wertvolles Instrument bei schwierigem Mitarbeiterverhalten und Krisen – also Ausnahmesituationen – bei denen klassische Führungsstile an ihre Grenzen gelangen.

Was heißt Führen mit Neuer Autorität? Es bedeutet vor allem eine neue Haltung. Anstatt auf Mitarbeiter Druck auszuüben und diese ändern zu wollen, entfalten Führungskräfte ihr eigenes Potenzial. Die Selbstkontrolle, ja Selbstführung, macht stark und souverän.

Um zu verhindern, dass man aus dem eigenen Stress und Ärger heraus reagiert, schafft man zunächst inneren Abstand zur Situation, verzögert die Reaktion. Danach organisiert man sich Unterstützung und Rückhalt. Das ist oft entscheidend für die Präsenz als Führungskraft, dafür, dass man in der Verantwortung und in wachsamer Sorge bleibt. So kann man in den Widerstand gehen, bringt klar zum Ausdruck, was nicht passt, und verliert zugleich nicht die persönliche Wertschätzung und den Respekt vor der Person.

Bedenken Sie: Durch Ihr neues Handeln ändern Sie sich. Ob sich der andere ändert, ist nicht Ihr Fokus, da Sie das ja nicht beeinflussen können. Fakt ist aber zugleich: Durch Ihre Entschlossenheit und Beharrlichkeit reduziert sich – wie Studien eindeutig belegen – bremsendes und schädigendes Mitarbeiterverhalten.

»Zuerst ignorieren sie dich,
dann lachen sie über dich,
dann bekämpfen sie dich und dann gewinnst du«.
(Mahatma Gandhi)

Durch Neue Autorität schaffen Sie Raum für konstruktiven Dialog – die Basis, auch schwierige Sachverhalte ansprechen zu können. Denn der Mensch und sein Potenzial stehen im Mittelpunkt.

Wir wollen Ihnen Mut machen! Probieren Sie es einfach aus. So ist Ihr Mitarbeiter wertschätzend in der Verantwortung. Integrieren Sie deshalb auch die Elemente Positiver Führung in Ihren Führungsalltag. So schaffen Sie Wohlbefinden und Motivation auf Seiten der Mitarbeiter und stärken sich selbst. Mit Offenheit und Optimismus erkennt man eher Chancen und Möglichkeiten und ist Veränderungen gegenüber aufgeschlossen. Das gilt für Sie ebenso wie für Ihre Mitarbeiter.

Positive Führung mit Neuer Autorität funktioniert in guten und in schlechten Zeiten. Die Elemente der Neuen Autorität stärken Sie darüber hinaus für Krisen und schwierige Führungssituationen.

Sie haben es als Führungskraft in der Hand, das Klima in Ihrem Umfeld, Ihrem Team, Ihrer Abteilung zu stärken und Hochleistungen zu ermöglichen. Bleiben Sie in der Verantwortung – es lohnt sich!

Literaturverzeichnis

Avar, G. & Streit, P.: Neue Autorität – Wie es Ihnen gelingt, Ihren Job als Eltern gut zu machen. Verlag für Kind, Jugend und Familie

Avey, J. B., Luthans, F. & Youssef, C. M.: The Additive Value of Positive Psychological Capital in Predicting Work Attitudes and Behaviors. Journal of Management, 36 (2), 430-452, 2009

Avey, J. B., Avolio, B. J. & Luthans, F.: Experimentally analyzing the impact of leader positivity on follower positivity and performance. The Leadership Quarterly, erstmals online 15.3.2011

Baecker, D.: Postheroisches Management. Ein Vademecum. Merve Verlag, Berlin 1994

Bandura, A.: Self-Efficacy: Toward a Unifying Theory of Behavioral Change. Psychological Review, 84 (2), S. 191–215, 1977

Bass, B. M. & Avolio B. J.: Developing Transformational Leadership: 1992 and Beyond. Journal of European Industrial Training, 14 (5), 21–27, 1990

Baumann-Habersack, F. & von Schlippe, A.: Mit Neuer Autorität in Führung: Warum wir heute präsenter, beharrlicher und vernetzter führen müssen. Springer Verlag, 2015

Bitzer, B.: Alphatiere können nicht führen. Arbeitshefte Führungspsychologie 79. Windmühle, 2016

Cameron, K.: Positive Leadership. Strategies for extraordinary Performance. 2008

Cameron, K.: Practicing Positive Leadership. 2013

Cohen, S. & Pressmann, S.: Positive Affect and Health. 2006

Creusen, U., Eschemann, N.-R. & Kellner, R.: Positive Pschologie in der Führung. Arbeitshefte Führungspsychologie 63. Windmühle, 2014

Epstein, S.: In: Handbook of psychology: Personality and social psychology, Vol. 5, pp. 159-184. Millon, Theodore (Ed.); Lerner, Melvin J. (Ed.). John Wiley & Sons Inc, Hoboken NJ 2003

Fredrickson B. & Losada M.: »Positive affect and the complex dynamics of human flourishing.«. American Psychologist 60 (7): 678–86, 2005. Sowie: »Correction to Fredrickson and Losada«. American Psychologist 68 (9), 2005

Fredrickson, B.: Die Macht der guten Gefühle. Campus Verlag, 2011

Fredrickson, B.: Positivity. 2009

Freidlin, P., Littman-Ovadia, H. & Niemiec, R. M.: Positive psychopathology: Social anxiety via character strengths underuse and overuse. Personality and Individual Differences, 108, 50–54. 2017

Gottman, J. M.: Die 7 Geheimnisse der glücklichen Ehe. Ullstein-Verlag, Berlin, 2017

Grawe, K.: Neuropsychotherapie. Hogrefe, 2002

Härtl-Kasulke, C. & Revers, A. (Hrsg.): Lebenskunst – eine Anleitung zur Positiven Psychologie. Beltz, 2018

Kaiser, R. B. & Overfield, D. V.: Strengths, strengths overused and lopsided leadership. Consulting Psychology Journal: Practice and Research. 2011

Kelloway, E. K., Weigand, H., McKee, M. C. & Das, H.: Positive leadership and employee well-beeing. Journal of Leadership and Organizational Studies. 2013

Kohler, E., Keysers, C., Umiltà, M. A., Fogassi, L., Gallese, V. & Rizzolatti, G.: Hearing sounds, understanding actions: action representation in mirror neurons. In: Science, Vol. 297, no. 5582, pp. 846–848. 2002

Luthans, F. & Youssef, C. M.: Human, social, and now positive psychological capital management: Investing in people for competitive advantage. Organizational dynamics, 33/2004, pp. 143-160. 2004

Müller, G. F., Sauerland, M. & Raab, G.: Wir alle sind Unternehmer! Arbeitshefte Führungspsychologie 78. Windmühle, 2016

Niemiec, R. M.: The overuse of strengths: 10 principles. [Review of the motion picture Divergent]. PsycCRITIQUES, 59 (33). 2014

Omer, H.: Neue Autorität in Familie, Schule und Gemeinde. Vandenhoeck & Ruprecht, 2010

Omer, H. & Schlippe, A. v.: Stärke statt Macht. Neue Autorität in Familie, Schule und Gemeinde. Göttingen, 2010

Omer, H. & Streit, P.: Neue Autorität: Das Geheimnis starker Eltern. 2016

Owens, B. P., Baker, W. E. & Cameron, K.: Relational energy at work: Establishing construct, nomological, and predictive validity. Academy of Management Annual Meeting, 2011

Peterson, C.: A primer in positive psychology. Oxford University Press, 2006

Peterson, C.: Pursuing the good life: 100 reflections on positive psychology. Oxford University Press, 2012

Peterson, C. & Seligman, M. E.: Character strengths and virtues: A handbook and classification. Oxford University Press, 2004

Revers, A.: Wie Menschen ticken – Psychologie für Manager. Arbeitshefte Führungspsychologie 67. Windmühle, 2014

Revers, A.: Woran Workshops scheitern und was Moderatoren dagegen tun können. Windmühle, 2004

Ryan, R. M. & Deci, E. L.: Self-Determination Theory: Basic Psychological Needs in Motivation, Development, and Wellness. Guilford, 2017

Sauerland M., Braun, O. L. & Raab, G.: Gesundheit, Freiheit und Ausgewogenheit. Arbeitshefte Führungspsychologie 80. Windmühle, 2017

Sauerland, M. & Müller, G. F.: Selbstmotivierung und kompetenten Mitarbeiterführung. Arbeitshefte Führungspsychologie 66. Windmühle, 2012

Schmidt, G.: Gut beraten in der Krise. ManagerSeminare, Bonn 2010

Schmidt, G.: Von Zielen, die Probleme machen, zu optimalem »polynesischem Segeln«. In: M. Faschingbauer: Effectuation: Wie erfolgreiche Unternehmer denken, entscheiden und handeln. Schäffer-Poeschel, Stuttgart 2010

Schmidt, W.: Führen mit Autorität – aber nicht autoritär. Das benediktinische Führungsmodell in zeitgemäßer Anwendung. Arbeitshefte Führungspsychologie 50. Windmühle, 2011

Seligman, M.: Flourish – wie Menschen aufblühen: Die Positive Psychologie des gelingenden Lebens. Kösel, 2012

Shu-Ling, C.: The Relationship of leader psychological capital and follower psychological capital, job engagement and job performance: a multilevel mediation perspective. The International Journal of Human Ressource Management, 2015

Sprenger, R.: Das Prinzip Selbstverantwortung. Campus Verlag, Frankfurt am Main 2015

Sprenger, R.: Mythos Motivation. Campus Verlag, Frankfurt am Main 2014

Sprenger, R.: Radikal führen. Campus Verlag, Frankfurt am Main 2012

Sprenger, R.: Vertrauen führt. Campus Verlag, Frankfurt am Main 2004

Storch, M. & Krause, F.: Selbstmanagement – ressourcenorientiert. Grundlagen und Trainingsmanual für die Arbeit mit dem Zürcher Ressourcenmodell. Huber, 2007

Storch, M. & Kuhl, J.: Die Kraft aus dem Selbst: Sieben PsychoGyms für das Unbewusste. Huber, 2013

Streit, P. & Brunner-Hantsch, M.: Das 5x5 der Elternschule – Handlungsratgeber. Verlag für Kind, Jugend und Familie, Graz 2011

Von Münchhausen, M.: Wo die Seele auftankt. Goldmann, 2006

Stichwortverzeichnis

Andrea Revers

Geboren 1961 in Brühl/Rheinland, Diplom-Psychologin, hat zudem Publizistik und Kommunikationswissenschaften studiert, Ausbildung zur Journalistin und Marketing-Beraterin, lebt in der Eifel, schreibt in der Freizeit Kurzkrimis (2011 nominiert für den »Deutschen Kurzkrimipreis«).

Andrea Revers arbeitet seit 1996 freiberuflich als Management Trainerin und Business Coach – zertifiziert als Senior Coach BDP, PSI-Beraterin (IMPART) und Trainerin für Positive Psychologie (DACH-PP). Als Lehrbeauftragte unterrichtet sie an der FOM – Hochschule für Ökonomie und Management. Sie schätzt den konstruktiven Umgang mit Komplexität, frei nach Einstein: »Man muss die Dinge so einfach wie möglich machen. Aber nicht einfacher«. In ihren Büchern und Fachartikeln bietet sie ein solides Fundament an psychologischem Grundlagenwissen, verzichtet aber bewusst auf »Patentrezepte«. Stattdessen gibt es Denkanstöße und Impulse für modernes Management, wissenschaftlich fundiert, leicht lesbar und auf den Punkt gebracht.

Weitere Infos: www.revers-communication.de

Dr. Philip Streit

Dr. Philip Streit ist Klinischer und Gesundheitspsychologe, Psychotherapeut und Vorstand des Institutes und der Akademie für Kind, Jugend und Familie in Graz. Er arbeitet seit 2009 aktiv im Bereich der Positiven Psychologie eng mit Martin Seligman zusammen.

Im Rahmen des Institutes für Positive Psychologie und Mentalcoaching (IPPM) und der positiv-psychologischen Plattform Seligman Europe organisiert er Symposien, Vortragsreihen und Seminare zur Positiven Psychologie. Seit 2011 entwickelt er wissenschaftlich fundierte Trainings für angewandte Positive Psychologie. Dr. Philip Streit ist Mitglied des IPPA Board of Advisors und Gründungsmitglied der European Positive Psychology Academy.